Analyse de contaminants organiques (PCB, OCP, HAP) dans les sédiments marins

Coordination
Anne Grouhel, Marie-Jo Thébaud

Auteurs
Jacek Tronczyński, Catherine Munschy, Karine Héas-Moisan, Nadège Guiot, Isabelle Truquet

Ifremer

Titres déjà parus :

- *Dosage de certains métaux traces (Cd, Co, Cu, Fe, Ni, Pb, Zn) dissous dans l'eau de mer par absorption atomique après extraction liquide-liquide*
- *Dosage du mercure total et du monométhylmercure dans les organismes et les sédiments marins*
- *Analyse des composés organostanniques dans l'eau de mer*
- *Dosage de certains métaux traces (Ag, Cd, Cu, Cr, Ni, Pb, V, Zn) dans les organismes marins par absorption atomique*
- *Dosage de certains métaux dans les sédiments et la matière en suspension par absorption atomique*
- *Spéciation du mercure dissous dans les eaux marines. Dosage du mercure total, gazeux, réactif, mono et diméthylmercure*
- *Mesure de l'activité enzymatique éthoxyrésorufine-O-dééthylase (ÉROD) chez les poissons marins*
- *Les marqueurs biologiques des effets des polluants : l'acétylcholinestérase*
- *Hydrologie des écosystèmes marins. Paramètres et analyses*
- *Bio-indicateur de la toxicité potentielle de milieux aqueux : bio-essai « développement embryo-larvaire de bivalve »*
- *Analyse de contaminants organiques (PCB, OCP, HAP) dans les organismes marins*

Signalement bibliographique

Tronczyński J., Munschy C., Héas-Moisan K., Guiot N., Truquet I., 2005. Analyse de contaminants organiques (PCB, OCP, HAP) dans les sédiments marins. Éd. Ifremer, Méthodes d'analyse en milieu marin, 44 p.

Avant-propos

Ce document fait partie d'une série de fascicules intitulée « Méthodes d'analyse en milieu marin ». Cette série s'adresse bien sûr d'abord aux analystes, mais elle sera probablement utile aux gestionnaires de l'environnement ainsi qu'aux étudiants intéressés par les spécificités analytiques du milieu marin. Ces méthodes sont employées à l'Ifremer dans les programmes de recherche et de surveillance de la qualité du milieu. Elles sont validées par la pratique de nombreux laboratoires spécialisés dans l'étude des matrices marines. La plupart d'entre elles ont fait l'objet d'exercices d'intercomparaisons internationales, en particulier dans le cadre du CIEM (Conseil international pour l'exploration de la mer), de l'AIEA (Agence internationale de l'énergie atomique) ou du BCR (Bureau des références de la Commission européenne). Certaines de ces méthodes constituent les méthodes de référence du Réseau national d'observation de la qualité du milieu marin (RNO) du ministère de l'Écologie et du Développement durable géré et réalisé par l'Ifremer.

Michel Marchand
Directeur du département Biogéochimie et Écotoxicologie

Sommaire

Introduction

Les contaminants organiques englobent une très grande diversité de composés chimiques introduits dans l'environnement principalement ou exclusivement par suite des activités humaines : urbaines, agricoles et industrielles. Ces composés couvrent une très large gamme de propriétés et, en conséquence, présentent des comportements biogéochimiques et des activités biologiques très différents. Les contaminants organiques sont présents à l'état dissous, mais aussi associés aux matières en suspension et aux sédiments. Ce sont des composés fortement hydrophobes, apolaires et persistants, qui se trouvent majoritairement associés aux sédiments et à la matière en suspension. Ces composés montrent également une forte capacité de bioaccumulation et généralement une tendance à la bioamplification dans les réseaux trophiques.
Pour bien caractériser cette contamination chimique et pour étudier et comprendre ses conséquences, il est nécessaire d'utiliser des méthodes analytiques fiables et éprouvées permettant l'identification et la détermination des niveaux des composés organiques dans tous les compartiments de l'environnement (généralement à l'état de traces, de l'ordre du ng/kg ou µg/kg). L'évolution technologique et l'élargissement de la demande dans ce domaine sont très importants.
Dans le présent fascicule, nous décrivons des méthodes d'analyse pour certains polychlorobiphényles (PCB), pesticides organochlorés (OCP) et hydrocarbures aromatiques polycycliques (HAP) dans les sédiments marins et estuariens. Ces méthodes sont actuellement utilisées en France dans le cadre du Réseau national d'observation de la qualité du milieu marin (RNO) pour la surveillance de cette contamination chimique et dans le cadre de projets d'étude et de recherche visant à une meilleure compréhension du comportement, du devenir et des effets de ces contaminants en milieu marin.
Les méthodes décrites utilisent des techniques analytiques déjà bien connues et maîtrisées par de nombreux laboratoires. Le dosage des composés organochlorés (PCB et OCP) est effectué par la chromatographie en phase gazeuse capillaire couplée à un détecteur à capture d'électrons (ECD), et celui des HAP par chromatographie en phase gazeuse capillaire couplée à un spectromètre de masse à basse résolution (CPG-SM). Les protocoles analytiques sont élaborés et mènent à une séparation et à un fractionnement fin des composés ciblés. L'étalonnage des systèmes analytiques est reproductible, précis et parfaitement contrôlé au laboratoire. Ces méthodes ont été utilisées dans le cadre de la préparation de matériaux certifiés européens (CRM), ainsi que dans de nombreux exercices d'intercomparaison et ont donné de très bons résultats. Si ces méthodes restent à la portée de nombreux laboratoires expérimentés dans les analyses de composés organiques à l'état de traces, elles sont exigeantes dans la pratique et dans la durée de leur exécution.

1. Domaine d'application

Les méthodes décrites dans ce fascicule sont celles utilisées au laboratoire de Biogéochimie des Contaminants Organiques (département Biogéochimie et Écotoxicologie de l'Ifremer), pour effectuer des analyses quantitatives de polychlorobiphényles (PCB), pesticides organochlorés (OCP), hydrocarbures aromatiques polycycliques (HAP) et leurs homologues alkylés, hétérocycles soufrés et leurs homologues alkylés dans des échantillons de sédiments marins. Ces méthodes sont utilisées dans notre laboratoire pour la détermination des concentrations de ces contaminants organiques dans divers sédiments marins et estuariens avec des niveaux de détection des traces et ultra-traces (µg/kg et ng/kg). Les méthodes décrites dans ce document sont utilisées en routine dans le cadre du Réseau national d'observation (RNO) de la qualité du milieu marin. Ces méthodes peuvent également être utilisées pour l'analyse d'autres contaminants organiques persistants, hydrophobes et apolaires associés aux sédiments. Une validation préalable est alors nécessaire.

2. Principe général

Une portion représentative d'un échantillon de sédiment marin est extraite avec le dichlorométhane (DCM) par la technique d'extraction accélérée par solvant (ASE - Accelerated solvent extraction) qui consiste à extraire une matrice solide par un solvant organique porté à haute température et haute pression. Après élimination du soufre élémentaire par le cuivre activé, les extraits sont purifiés et fractionnés par chromatographie d'adsorption sur une colonne ouverte remplie de gel de silice et d'alumine. L'identification et la quantification des composés sont réalisées par chromatographie en phase gazeuse capillaire couplée à un détecteur à capture d'électrons (ECD) pour les contaminants chlorés, ou couplée à un spectromètre de masse (SM) pour les HAP.

3. Précautions opératoires liées à l'analyse des contaminants organiques à l'état de traces

Les contaminants organiques dans les échantillons de l'environnement marin sont le plus souvent présents à l'état de traces, c'est-à-dire à des très faibles concentrations de l'ordre du µg/kg, voire inférieures. Leur analyse nécessite donc la mise en œuvre de protocoles et de techniques adaptés à ces faibles niveaux, dans des locaux spécifiques et au moyen de matériels adéquats.

Les méthodes utilisées devront assurer la récupération quantitative de composés sélectionnés à partir de mélanges complexes, en évitant toute contamination de l'échantillon. Pour cela, l'ensemble des conditions opératoires, du prélèvement à l'analyse finale, doit être parfaitement maîtrisé et reproductible. Les méthodes de détection finale doivent être suffisamment sensibles. Les échantillons doivent être protégés des contaminations extérieures grâce à l'utilisation de matériels propres, en évitant tout contact direct avec des matériaux plastiques. Les contaminations croisées entre échantillons dont les niveaux de contamination sont différents doivent être évitées. Ces analyses doivent être réalisées par du personnel qualifié. Un temps suffisant doit donc être consacré à la formation du personnel nouveau.

4. Matériel

4.1. Préparation du matériel

Les matériaux, la préparation et le stockage de tout le matériel entrant en contact avec les échantillons font l'objet d'une attention particulière. Ainsi, tout le matériel de prélèvement, de traitement et de manipulation est en téflon, en acier inoxydable ou en verre. Le nettoyage du matériel est effectué en utilisant de l'eau et des détergents de laboratoire, puis en rinçant abondamment avec de l'eau de qualité Milli-Q-UV, des alcools (méthanol ou éthanol), puis à nouveau avec de l'eau de qualité Milli-Q-UV. La propreté des surfaces de travail est assurée grâce à l'utilisation de papier aluminium.

La verrerie est conditionnée à 450 °C pendant une nuit. Pour la verrerie volumétrique, le passage au four est remplacé par un bain dans un mélange oxydant et acide (200 g de persulfate d'ammonium dans 20 litres d'acide sulfurique) pendant 24 heures puis rinçage plusieurs fois à l'eau Milli-Q-UV, suivi de plusieurs rinçages au méthanol (qualité Atrasol) puis séchage à l'étuve à 80 °C. Le matériel est ensuite conservé bouché par du papier aluminium, passé également au four à 450 °C.

Des gants en coton sont utilisés pour toutes les manipulations, afin d'éviter le contact direct des mains avec le matériel utilisé. Dans la mesure du possible, les manipulations sont réalisées sous hotte aspirante. Cette précaution permet aussi de protéger l'utilisateur des vapeurs de solvants organiques.

4.2. Réactifs et solvants

Les réactifs et solvants utilisés doivent être compatibles avec les analyses de contaminants organiques à l'état de traces. Les conditions de leur stockage et de leur utilisation doivent être contrôlées pour ne pas en dégrader la qualité.

Les solvants sont de qualité Pestipur ou Atrasol. Le conditionnement des solvants dans des bidons en inox équipés de bouchons en téflon est recommandé. Les étalons ont une pureté de 99,9 %.

4.3. Solutions étalons

La préparation des solutions étalons est une étape techniquement exigeante et délicate. Elle est critique pour un étalonnage correct des systèmes analytiques de détection (voir les paragraphes sur l'étalonnage et la quantification). Les différents mélanges de solutions étalons contiennent de nombreux composés chimiques (ex. PCB, OCP et HAP). Toutes les pesées des composés étalons sont menées à température constante (~ 20 °C) en utilisant une balance de grandes sensibilité et justesse

(± 0,006 mg pour 1 à 10 mg). Les composés, généralement sous forme de poudres, sont pesés dans des capsules en aluminium et transférés dans des flacons jaugés pré-remplis avec une faible quantité de solvant. Pour garantir la dissolution de tous les composés dans la solution, des « solutions mères » sont préparées dans les différents solvants en commençant par les solvants les plus polaires (ex. l'acétate d'éthyle et le toluène), avant d'être complétées par l'isooctane.
La gamme des solutions étalons est ensuite préparée par des dilutions successives de la « solution mère » dans l'isooctane et couvre souvent une gamme étendue de concentrations (correspondant à celles attendues dans les échantillons). Les dilutions sont effectuées par pesées (à une température voisine de 20 °C) et les concentrations des solutions étalons sont recalculées en prenant en compte, pour chaque niveau de dilution, les proportions des solvants et leurs densités. Les solutions étalons sont ensuite transférées et scellées dans des ampoules en verre et enfin stockées à l'abri de la lumière. La gamme d'étalonnage des composés organochlorés (PCB et OCP) s'étale entre 2 et 250 pg/µl pour chaque composé individuel dans la solution, celle des HAP s'étale entre 10 pg/µl et 12 000 pg/µl pour chaque composé individuel.

5. Prélèvements et sous-échantillonnage

5.1. Stratégie d'échantillonnage des sédiments

Le compartiment sédimentaire dans l'environnement marin côtier s'avère un réservoir récepteur important où les contaminants organiques reconnus persistants et toxiques ont tendance à s'accumuler. Les stratégies d'échantillonnage dépendent des objectifs d'étude ou d'observation que l'on souhaite mener. L'étude des processus et du comportement biogéochimiques des composés organiques porte principalement sur l'interface sédimentaire où l'intensité des processus (ex. échanges dissous particulaire, transformations...) est *a priori* plus importante. Les techniques et les stratégies développées pour mener ces études, incluant l'expérimentation *in situ* et en laboratoire, ne seront pas détaillées dans ce fascicule.

Les sédiments constituent un intégrateur de la contamination chimique. L'étude des sédiments marins permet de décrire l'état actuel de la contamination par des composés organiques ainsi que de déterminer la répartition géographique de cette contamination. La stratégie de cette étude consiste à réaliser des prélèvements de sédiments de surface. Le plan d'échantillonnage couvre des zones de dépôt de sédiments fins (argiles, vases et limons) et nécessite la prise en compte des zones d'apport (ex. grands estuaires) et des zones plus éloignées d'un apport direct. La couverture spatiale d'une zone d'étude doit être optimisée grâce à la prise en compte du transport hydrosédimentaire. L'échantillonnage de sédiments de surface dans le cadre du RNO est effectué sur les trois façades maritimes de la France métropolitaine avec une fréquence décennale de prélèvements sur les mêmes stations.

Par ailleurs, les sédiments marins, dans des conditions favorables (ex. bioturbation faible, vitesse de sédimentation constante...), constituent des archives de la contamination par des composés organiques persistants et hydrophobes. Dans ces conditions, l'étude de carottes sédimentaires permet la reconstitution historique de la contamination et fournit les tendances et l'évolution qualitative et quantitative de cette contamination. Les analyses des contaminants organiques dans les couches successives des carottes de sédiments permettent aussi l'estimation de leur flux et de leur accumulation dans ce compartiment. Dans les couches plus profondes, on détermine les concentrations dites de référence correspondant à la période pré-industrielle, pour les composés ayant un fond géochimique naturel. Pour ces études, les prélèvements doivent être menés sur des sites permettant la datation des carottes sédimentaires, c'est-à-dire des sites présentant un dépôt sédimentaire fin et régulier et où le taux de mélange par bioturbation ainsi que la vitesse de sédimentation sont faibles. Le carottage doit être réalisé sans perturber les couches de sédiments.

5.2. Techniques d'échantillonnage

Les techniques d'échantillonnage de sédiments de surface et de carottes sédimentaires ont été détaillées dans le fascicule concernant le dosage de certains métaux dans les sédiments (Chiffoleau *et al.*, 2003). Les mêmes techniques peuvent être utilisées pour les prélèvements des sédiments marins en vue des analyses des contaminants organiques. Cependant, des précautions spécifiques doivent être prises concernant la maîtrise de la contamination des échantillons pendant les prélèvements, le conditionnement et la conservation des échantillons. La protection des échantillons contre la contamination lors des prélèvements à bord est essentielle. Il faut éviter tout contact des échantillons avec les matériaux plastiques et les lubrifiants. Les échantillons remontés à bord doivent être conditionnés dans un endroit propre (ex. un laboratoire container embarqué avec air conditionné, boîte à gants...) à l'abri des poussières, vapeurs ou autres sources de contamination.

5.3. Conditionnement et conservation des échantillons

Les prélèvements destinés à l'analyse des contaminants organiques sont effectués à l'aide de spatules en acier inoxydable préalablement passées au four à 450 °C et lavées avec du méthanol et de l'eau désionisée entre chaque prélèvement.
L'échantillon de sédiment destiné à l'analyse des contaminants organiques (environ 100 g en poids humide) est déposé dans un pot en verre préalablement nettoyé tel que décrit en 4.1. Les échantillons ainsi conditionnés sont immédiatement congelés à bord et conservés à -20 °C jusqu'à leur lyophilisation avant l'analyse. On note qu'une quantité de 100 g en poids humide (entre 5 et 20 g en poids sec) de l'échantillon pour l'analyse des contaminants organiques est généralement suffisante ; elle dépend du niveau de contamination et de la limite de la détection recherchée.
Certains paramètres auxiliaires décrits dans le paragraphe suivant doivent accompagner l'analyse des contaminants organiques dans les sédiments marins. Des sous-échantillons complémentaires sont collectés dans des piluliers en polystyrène pour la détermination de la granulométrie (environ 50 g en poids humide), l'évaluation de la teneur en eau et de la porosité (environ 20 g en poids humide) et, le cas échéant, pour la datation (environ 20 g en poids humide). Le dosage du carbone organique est effectué sur le même échantillon que celui utilisé pour l'analyse des contaminants organiques.

5.4. Paramètres auxiliaires d'accompagnement et normalisation

Les dosages des contaminants organiques dans les sédiments marins peuvent être accompagnés par la détermination de paramètres auxiliaires. Ces paramètres permettent une meilleure comparabilité des résultats pour différents sédiments marins et sont parfois indispensables pour l'interprétation des résultats. En effet, la forte hétérogénéité du substrat sédimentaire, de par sa composition chimique organique et granulométrique, peut induire des variations significatives des concentrations en contaminants organiques. Il convient donc de prendre en compte l'effet de ces paramètres. On évoque habituellement la teneur en carbone organique des particules des sédiments en tant que variable clé du fait de la forte affinité chimique des contaminants organiques hydrophobes et neutres pour la matière organique. La capacité de sorption de ces contaminants organiques est *a priori* plus élevée pour des particules sédimentaires riches en carbone organique. Cependant, dans les systèmes naturels de l'environnement, cette relation est plus complexe. À l'instar de la composition minéralogique pour les métaux, la qualité (ex. le caractère hydrophobe *vs.* hydrophile) et l'origine (ex. allochtone *vs.* autochtone) de la matière organique interviennent, d'une part, dans sa capacité de sorption des contaminants organiques et, d'autre part, sur les niveaux des concentrations en contaminants. La granulométrie intervient, ne serait-ce que pour une simple raison physique, telle que pour les métaux (Chiffoleau *et al.*, 2003), du fait de l'augmentation de la surface disponible pour l'adsorption des contaminants. Dans le cas des composés organiques neutres, il s'agit de la surface disponible de la matière organique associée aux particules des sédiments. En effet, les particules fines (argiles et limons) montrent en général des concentrations plus fortes en contaminants organiques que les particules grossières (sables). Ainsi, l'hétérogénéité de la granulométrie des sédiments peut fortement influencer la répartition géographique des contaminants organiques. Pour s'affranchir de cette variation, l'analyse des contaminants peut être menée sur une fraction des sédiments après tamisage (habituellement à 63 µm ou à 20 µm). Cependant, l'étape de tamisage pour l'analyse des contaminants sur une fraction fine de sédiments s'avère relativement délicate (durée d'exécution longue, risque de contamination, etc.).

Par ailleurs, d'autres paramètres auxiliaires sont indispensables pour pouvoir exprimer les résultats en termes d'inventaire, de flux sédimentaires des contaminants et de reconstitution historique de la contamination : la teneur en eau et la porosité du sédiment ainsi que la vitesse de sédimentation (datation). Certains de ces paramètres sont déterminés seulement sur les carottes sédimentaires.

Dans le laboratoire de l'Ifremer, l'analyse des contaminants organiques est réalisée sur la fraction totale du sédiment (après tamisage à 2 mm) et elle est accompagnée au moins par le dosage du carbone organique (parfois complété par l'analyse élémentaire à l'aide de l'analyseur CHNS) et par la détermination détaillée de la composition granulométrique et de la teneur en eau. La vitesse de sédimentation est uniquement déterminée sur les carottes de sédiment.

5.4.1. Analyse du carbone organique

Le dosage du carbone organique est mené sur une faible quantité aliquote (25 à 50 mg) de l'échantillon de sédiment utilisé pour l'analyse des contaminants organiques. Avant l'analyse du carbone organique, les échantillons de sédiments doivent être décarbonatés. Pour éliminer les carbonates/bicarbonates dans les sédiments, les échantillons séchés sont broyés dans un mortier et réduits en une très fine poudre pour assurer leur plus grande homogénéité. **La décarbonatation** est faite en exposant les échantillons (pré-pesés dans des capsules d'argent qui résistent mieux aux attaques acides que l'étain) aux vapeurs d'HCl dans un dessiccateur sous vide pendant 1 à 2 heures à température ambiante. Après la décarbonatation, les échantillons sont séchés dans une étuve à 50 °C pendant 2 heures pour éliminer l'eau et les résidus d'acide. Les capsules d'argent sont ensuite fermées et transférées, sans être repesées, dans l'analyseur CHNS. La méthode d'acidification par les vapeurs d'acide ne peut être appliquée aux échantillons contenant plus de 50 % en poids de $CaCO_3$.

L'analyse élémentaire du carbone organique, de l'azote, de l'hydrogène et du soufre est effectuée à l'aide d'un analyseur CHNS. Cette analyse repose sur le principe de la combustion éclair à haute température (1 800 °C) de la matière organique. Dans l'analyseur, les gaz primaires de combustion de la matière organique sont entraînés par l'hélium (gaz vecteur) et passent au travers des catalyseurs (oxydation/réduction) pour former à la sortie du four de combustion les gaz N_2, CO_2, H_2O et SO_2. Les gaz ainsi obtenus sont alors séparés par une colonne de chromatographie (colonne Porapack PQS) maintenue à une température constante de 60 °C et détectés par conductibilité thermique (catharomètre).

5.4.2. Analyse granulométrique

L'analyse granulométrique décrite ci-dessous est pratiquée suivant la norme NF ISO13320.1. Les échantillons sont conditionnés dans des piluliers en polystyrène fermés, maintenus au congélateur depuis le prélèvement et ensuite lyophilisés dans ces mêmes flacons. Après homogénéisation manuelle d'un échantillon de sédiment et la mise en suspension d'une quantité nécessaire à l'analyse dans de l'eau distillée, la mesure par diffraction laser de la granulométrie de 0 à 2 000 µm s'effectue par voie humide, en présence d'ultrasons. Le tri granulométrique se fait en huit classes par tranche granulométrique : < 2 µm, 2 à 10, 10 à 25, 25 à 63, 63 à 125, 125 à 250, 250 à 500, 500 à 1 000, 1 000 à 2 000 µm. Les résultats sont exprimés en pourcentage volume/volume de chaque classe.

5.4.3. Teneur en eau et porosité des sédiments

La détermination de la teneur en eau est effectuée sur des échantillons de sédiment complémentaires. L'échantillon est déposé dans un pilulier en polystyrène fermé avec un bouchon à vis. Les échantillons sont stockés à une température d'environ 4 °C et ne sont pas congelés. Le traitement doit être effectué le plus rapidement possible pour éviter les pertes par évaporation. La détermination est réalisée par pesée d'un échantillon de sédiment humide et après séchage de cet échantillon. Le séchage est effectué dans une étuve à 105 °C sur une faible quantité prélevée à partir du pilulier de sédiment bien mélangé. Pour le peser jusqu'au poids constant, le sédiment est déposé dans une boîte de Pétri tarée. La teneur en eau est calculée par la différence des pesées et est exprimée en pourcentage :

$$\text{Teneur en eau (\%)} = \frac{(P_H - P_S) \times 100}{P_H - T}$$

où :

P_H = le poids de la boîte avec le sédiment humide

P_S = le poids de la boîte avec le sédiment sec

T = le poids de la boîte vide

La porosité (ϕ) d'un sédiment est la fraction volumétrique occupée par l'eau dans ce sédiment. Elle est exprimée par la formule suivante (cm^3/cm^3 et donc sans unité) :

$$\phi = \frac{V_{eau}}{V_{eau} + V_{sed}} = \frac{M_{eau}/\delta_{eau}}{(M_{eau}/\delta_{eau} + M_{sed}/\delta_{sed})}$$

où :

V_{eau} = le volume d'eau dans un sédiment

V_{sed} = le volume des particules dans un sédiment

M_{eau} = la masse de l'eau

δ_{eau} = la densité de l'eau

M_{sed} = la masse d'un sédiment

δ_{sed} = la densité des particules d'un sédiment

Il apparaît que la porosité n'est pas fixée directement car il est difficile de connaître le volume qu'occupent des particules solides sèches dans un échantillon de sédiment humide. C'est plutôt la densité de ces particules solides qui peut être déterminée pour pouvoir calculer la porosité d'un sédiment. La densité des particules solides d'un sédiment sec est définie à l'aide d'un pycnomètre, le cas échéant, avec un cylindre finement jaugé.

5.4.4. Taux et vitesse de sédimentation, datation

Le taux de sédimentation (en $g/cm^2/an$) est lié à la porosité du sédiment par la formule suivante : $Jss = \delta_{sed}(1-\phi)\omega$ (où ω est la vitesse de sédimentation en cm/an) (Di Toro, 2001). Ce taux est utilisé pour la détermination des flux des contaminants vers les sédiments et à la réalisation de l'inventaire.

Le taux comme **la vitesse de sédimentation** est déterminé en vue de la datation de sédiments et de la reconstitution géochronologique de la contamination. Le principe de la détermination de la vitesse de sédimentation consiste à utiliser plusieurs radioéléments de périodes et de sources différentes, dont l'intérêt majeur est d'avoir un terme source bien contraint et de donner accès au paramètre temps de par leur décroissance radioactive (Appleby & Oldfield, 1992 ; Sharma *et al.*, 1987). Outre un apport atmosphérique, le radio-isotope naturel ^{210}Pb ($t_{1/2}$ = 22,2 ans) est produit dans la colonne d'eau de façon continue par désintégration de son père radioactif ^{222}Rn et, est rapidement entraîné sur les particules. Une fois déposé à l'interface eau-sédiment, ce $^{210}Pb_{xs}$ en excès (par rapport au ^{210}Pb formé dans le sédiment par désintégration du ^{226}Ra) décroît avec la profondeur dans les sédiments en fonction de sa période radioactive et de la vitesse de sédimentation. Les profils de $^{210}Pb_{xs}$ dans les sédiments permettent ainsi d'estimer les taux de sédimentation à l'échelle de temps du siècle. Ces estimations peuvent être comparées avec celles dérivées du ^{137}Cs ($t_{1/2}$ = 30 ans), un radio-isotope artificiel qui a une fonction d'entrée pulsée correspondant aux essais nucléaires atmosphériques (début 1950), accident de Tchernobyl (1986). Leur combinaison permet de valider les estimations de taux de sédimentation. Une fois ces derniers établis, il est possible de dater les horizons. L'incertitude de la datation des dépôts sédimentaires est aussi liée à la variabilité de l'intensité de la bioturbation et de la vitesse de sédimentation.

6. Mode opératoire

6.1. Schéma du protocole analytique

Le schéma ci-dessous présente les différentes étapes du protocole analytique. Les détails relatifs à chacune de ces étapes sont précisés dans les paragraphes suivants.

Protocole analytique utilisé pour l'analyse des contaminants organiques dans les sédiments marins.

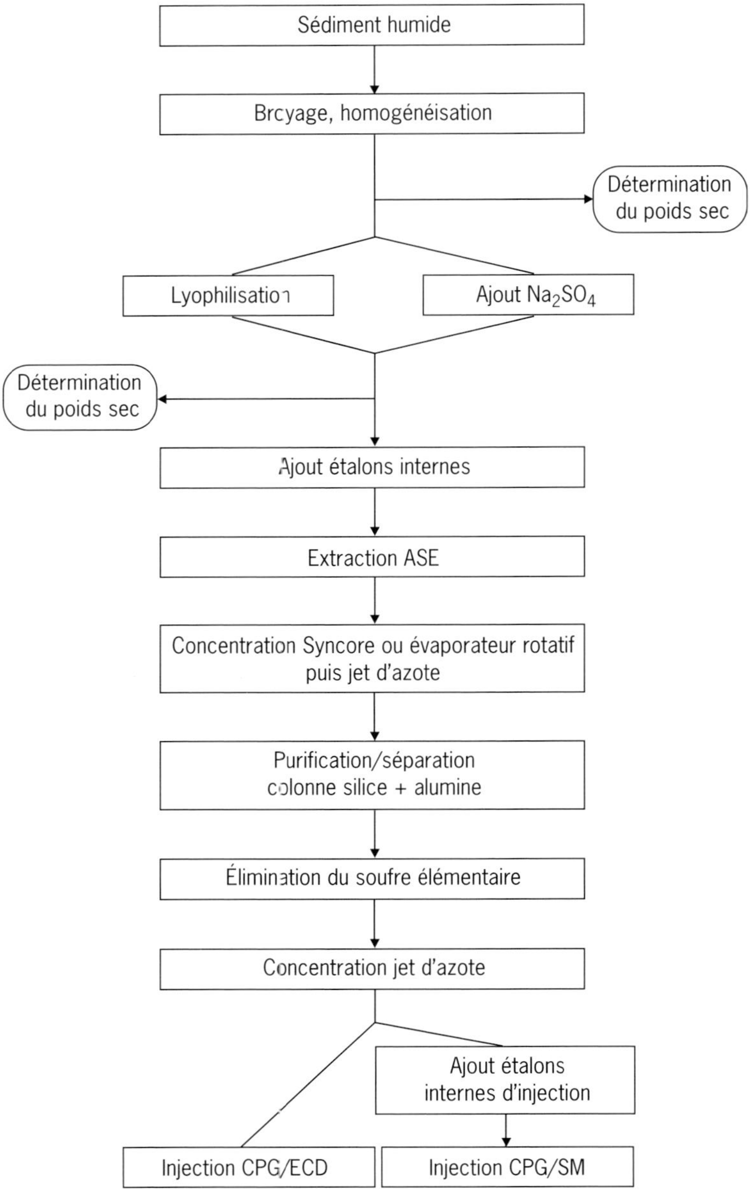

6.2. Ajout d'étalons internes de rendement

Les étalons internes sont préparés au laboratoire et conservés en solution dans des ampoules scellées. Le dopage est réalisé directement dans les cellules d'extraction avec une quantité précise de solution étalon préparée dans l'isooctane et prélevée à l'aide d'une micro-seringue (en général 200 µl). Après le dopage, les échantillons sont laissés au repos pendant une nuit avant de procéder à l'extraction.
Les étalons sont utilisés pour calculer les rendements de récupération et contrôler l'ensemble des manipulations. On accepte tout rendement supérieur à 50 %. Les résultats des concentrations en contaminants ne sont toutefois pas corrigés par rapport à ces rendements.
Avant de choisir les composés utilisés, il faut s'assurer qu'ils sont résolus en chromatographie et, dans la mesure du possible, qu'ils ne co-éluent pas avec les composés présents dans les échantillons. Pour l'analyse des contaminants organochlorés par CPG-ECD, les étalons suivants sont utilisés dans notre laboratoire : CB30, CB198, CB209, TCN (tétrachloronaphtalène), p,p'-DDT-d_8, p,p'-DDD-d_8. Pour l'analyse des HAP par CPG-SM, on utilise les étalons suivants : phénanthrène-d_{10}, et benzo[*e*]pyrène-d_{12}.

6.3. Extraction accélérée par solvant (ASE)

La méthode utilisée est celle de l'extraction accélérée par solvant au moyen de l'extracteur automatique de Dionex (ASE 200 ou ASE 300). Cette technique consiste à extraire les contaminants d'une matrice solide par un solvant organique porté à haute température et haute pression.

6.3.1. Nettoyage des cellules de l'ASE

Nettoyer les cellules deux fois à l'eau Milli-Q-UV puis une fois au méthanol (Pestipur) par passage aux ultrasons pendant 10 minutes.
Après ce premier nettoyage, remplir les cellules de billes de verre et les rincer avec l'extracteur selon la méthode suivante :

Solvant	Méthanol/Dichlorométhane 50:50 v/v
Temps chauffage	5 minutes
Température	100 °C
Pression	100 bars
Temps d'extraction	1 x 5 minutes
Volume de rinçage	50 %
Temps de purge	100 secondes

6.3.2. Préparation des cellules

Les quantités d'échantillons lyophilisés analysées étant généralement voisines de 5 grammes, on utilisera des cellules de 33 ml. Remplir les cellules de la façon suivante :

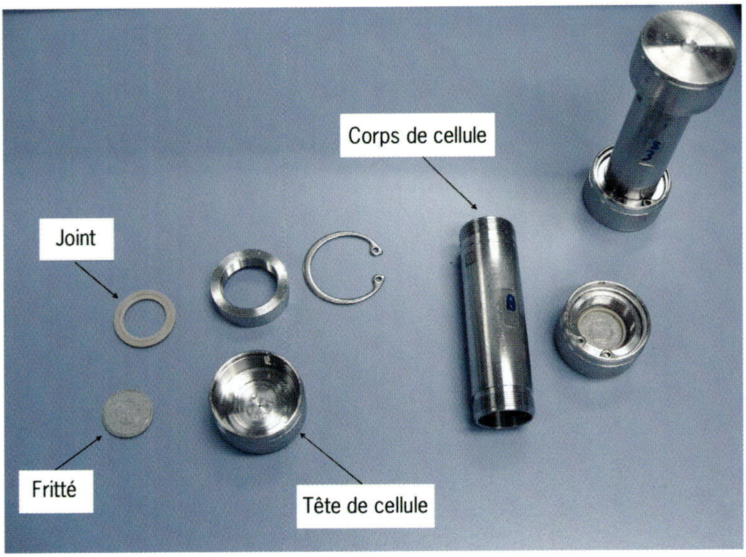

Schéma d'une cellule d'extraction et vue des différents éléments (N. Guiot).

Les filtres en fibre de verre et la poudre de verre sont préalablement passés au four à 450 °C pendant une nuit. Les filtres en fibre de verre sont destinés à protéger le fritté et à empêcher le passage de particules dans le circuit. Deux filtres sont utilisés à chaque extrémité de la cellule. Les frittés doivent être changés régulièrement.

6.3.3. Extraction des échantillons

Les conditions d'extraction des échantillons sont indiquées dans le tableau ci-dessous :

Solvant	Dichlorométhane
Temps chauffage	5 minutes
Température	100 °C
Pression	138 bars
Temps d'extraction	5 x 2 minutes pour chaque extraction
Volume de rinçage	35 % pour chaque extraction
Temps de purge	180 secondes

Pour chaque échantillon, deux extractions successives sont réalisées et les extraits sont récupérés dans deux tubes différents, puis regroupés avant la concentration au Syncore ou à l'évaporateur rotatif. Un ajout de sulfate de sodium anhydre, préalablement passé au four à 450 °C, est fait dans chacun des tubes afin de sécher l'extrait. Les tubes sont bien rincés au DCM au moment des transferts.

6.4. Cas particulier des échantillons humides

Dans certains cas particuliers, l'analyse d'échantillons humides pourra être envisagée, à partir d'échantillons conservés au congélateur ou dans

des récipients scellés (type boîte de conserve alimentaire). Les premières étapes du protocole analytique doivent alors être modifiées de la façon suivante :
- l'échantillon frais est mis en contact avec du sulfate de sodium anhydre préalablement passé au four à 450 °C et conservé de façon hermétique. Les proportions utilisées sont de 4 g de sulfate de sodium pour 1 g d'échantillon humide. Bien mélanger et laisser en contact sous une hotte pendant 24 h ;
- les étalons de rendement sont ajoutés à ce mélange à partir d'une solution préparée dans le méthanol ou l'acétone, solvants miscibles avec les matrices humides ;
- les cellules utilisées dans l'ASE 300 sont celles de 100 ml.

Les autres étapes décrites ci-dessous sont inchangées.

6.5. Concentrations des extraits

6.5.1. Évaporateur Syncore ou évaporateur rotatif

Regrouper les 2 extraits récupérés après l'extraction de chaque échantillon dans un tube Syncore avant évaporation. Alternativement, on pourra regrouper les extraits dans un ballon de 250 ml, avant de les évaporer à l'évaporateur rotatif. Bien rincer chaque tube au dichlorométhane lors des transferts. Concentrer et transférer dans un tube en rinçant trois fois le tube Syncore ou le ballon.

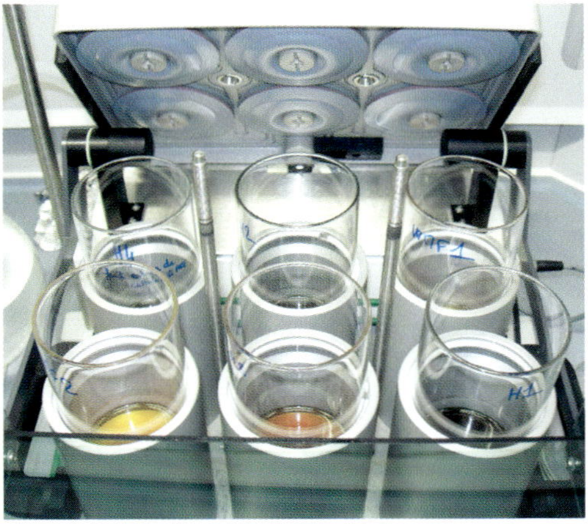

Évaporateur automatique sous vide Syncore à 6 positions (gauche). Transfert de l'échantillon concentré du tube Syncore vers un tube jaugé (droite) (N. Guiot).

6.5.2. Évaporation sous jet d'azote

Passer le tube sous jet d'azote et concentrer à environ 1 ml. Le jet d'azote doit être modéré. Au fur et à mesure de l'évaporation, rincer les parois du tube au moins deux fois avec de l'isooctane afin de récupérer les composés restés sur les parois du tube lors de l'évaporation. Ainsi, à la fin de la concentration, l'extrait (environ 500 µl) doit être débarrassé du dichlorométhane.

6.6. Purification et séparation des extraits

6.6.1. Préparation de la silice et de l'alumine

Dans un grand bécher, introduire la silice (100-200 mesh) et la laver avec un mélange méthanol/dichlorométhane (50/50 en volume). Enlever le surplus de solvant et faire sécher sous une hotte aspirante. Recommencer cette opération deux fois. Faire de même pour l'alumine (70-230 mesh).

Lorsque le solvant est complètement évaporé, transférer la silice et l'alumine dans les Erlens à col rodé. Activer la silice à 150 °C à l'étuve, et l'alumine à 320 °C au four, pendant une nuit.

Laisser la température diminuer jusqu'à environ 50 °C, et boucher les Erlens. Désactiver la silice et l'alumine par ajout de 5 % (en masse) d'eau Milli-Q-UV, ajouter en plusieurs fois et bien mélanger entre chaque ajout. Agiter mécaniquement pendant 2 heures. Stocker de façon hermétique pendant 24 heures avant utilisation. On pourra conserver ces mélanges pendant une semaine. Ne préparer que la quantité nécessaire de silice et alumine devant être utilisée dans ce délai.

Remarque : après désactivation, la silice et l'alumine restantes peuvent être à nouveau activées à l'étuve et au four comme décrit ci-dessus.

6.6.2. Préparation de la colonne de silice et alumine

Remplir une colonne en verre (dimensions 1 cm de diamètre x 30 cm de long) à robinet en téflon comme suit : introduire de la laine de verre préalablement passée au four à 450 °C, rincer la colonne une fois au méthanol puis deux fois à l'hexane. Peser 7 g de silice désactivée, les mélanger à l'hexane en agitant bien pour éliminer les bulles d'air. Remplir la colonne avec ce mélange tout en éluant le solvant. Rincer les parois de la colonne à l'hexane pour y récupérer les particules de silice. Ajouter 7 g d'alumine de la même façon, rincer à l'hexane. Ne jamais laisser la colonne sécher.

6.6.3. Chromatographie d'adsorption

Déposer l'échantillon concentré (environ 500 µl) en tête de colonne. Éluer à environ 1 goutte par seconde.

Chaque laboratoire doit déterminer le protocole de fractionnement et vérifier qu'il est répétable au cours d'une même série et stable au cours du temps. Pour chaque série d'échantillons réalisée avec un même lot de silice et alumine, un essai de contrôle avec un mélange de solutions étalons sera fait. Cet essai permet de vérifier les rendements de récupération et le fractionnement pour chaque lot de silice et d'alumine utilisé. Dans les conditions décrites ci-dessus, le fractionnement pouvant être utilisé est le suivant :

- F1 : 36 ml hexane ;
- F2 : 30 ml hexane/DCM (10 %) + 20 ml hexane/DCM (25 %).

La fraction F1 contient les composés suivants : PCB, HCB, heptachlore, TCN, aldrine, op'DDT, pp'DDE, et une partie des HAP de plus faible poids moléculaire.

La fraction F2 contient les composés suivants : o,p'-DDT, o,p'-DDD, p,p'-DDD, p,p'-DDT, alpha-HCH, lindane, heptachloroépoxyde, endosulfan, et les HAP de plus haut poids moléculaire.
Concentrer chaque fraction dans l'isooctane sous jet d'azote jusqu'à un volume final de quelques centaines de micro-litres dans un flacon d'injection. Chaque fraction est obtenue en passant par des tubes intermédiaires dont les parois sont rincées plusieurs fois avec de l'isooctane lors de la concentration. Injecter les fractions F1 et F2 en CPG-ECD (analyse des PCB et pesticides organochlorés), et en CPG-SM (analyse des HAP).

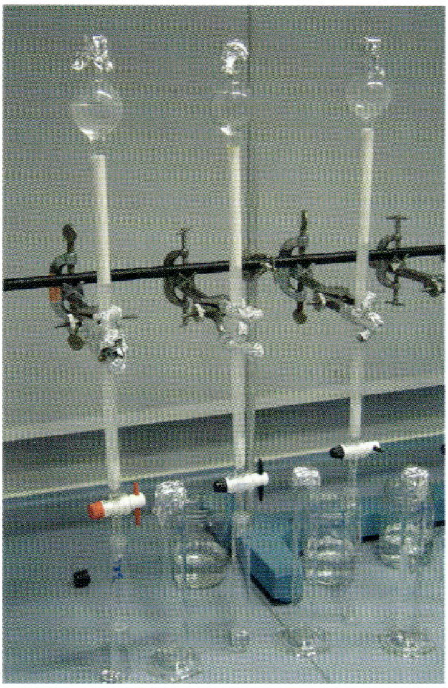

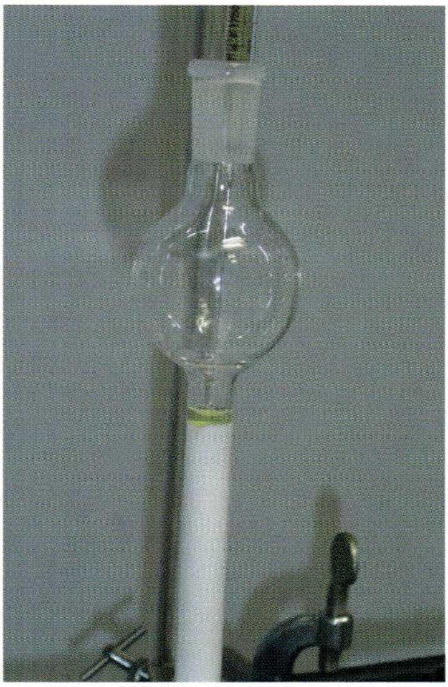

Purification par chromatographie d'adsorption sur colonnes remplies de silice et d'alumine (photo de gauche). Dépôt de l'extrait concentré d'un échantillon en tête de colonne (photo de droite) (N. Guiot).

6.7. Élimination du soufre élémentaire

Avant l'injection des extraits d'échantillons de sédiment en CPG, l'élimination du soufre élémentaire est nécessaire. Plusieurs méthodes peuvent être utilisées, parmi lesquelles l'utilisation de cuivre activé.

Préparation du cuivre

Mettre la quantité de cuivre nécessaire dans un bécher propre. Ajouter 50 ml d'un mélange d'acide chlorhydrique concentré Suprapur 30 % et d'eau Milli-Q-UV (50-50 v/v). Agiter à l'aide d'une baguette de verre. Rincer environ 10 fois à l'eau Milli-Q-UV jusqu'à revenir à pH neutre, puis trois fois à l'acétone, et enfin trois fois à l'isooctane. Éviter que le cuivre ne s'oxyde à l'air.
Le cuivre ainsi préparé est utilisable ensuite pendant 2 heures.
Ajouter le cuivre dans les fractions 1 et 2, après la purification sur colonne de silice et d'alumine, à l'aide d'une spatule, jusqu'à ce que le cuivre ajouté ne noircisse plus (en présence de soufre, le cuivre noircit). Transférer ensuite les extraits de ces grands tubes dans des tubes plus petits en évitant de prélever le cuivre. Bien rincer les parois des tubes avec de l'isooctane.

7. Analyse des PCB et des pesticides organochlorés

7.1. Conditions analytiques utilisées en CPG-ECD

Les extraits sont analysés en CPG-ECD. Les échantillons sont injectés sur une colonne non polaire généralement de type DB5 (5 %-phényl-méthylpolysiloxane), 60 m x 0,25 mm, 0,25 µm épaisseur de phase. Une seconde colonne de type HT8 (8 %-phényl-polysiloxane-carborane) est utilisée pour la confirmation des résultats pour certains composés mal ou non résolus sur la colonne DB5. Pour une réduction du temps d'analyse, les injections sont faites simultanément sur les deux colonnes au moyen d'un CPG équipé de deux injecteurs et de deux détecteurs. Ceci impose d'utiliser la même programmation de température pour les deux colonnes. Les conditions chromatographiques utilisées sont données dans le tableau 1 ci-dessous.

Tableau 1 - Conditions chromatographiques utilisées pour l'analyse en CPG-ECD sur deux colonnes de polarité différente.

CPG-ECD	Paramètres opératoires
Chromatographe	Avec passeur d'échantillons à double injection simultanée
Injecteur	Type Splitless
Volume injecté	1 (µl)
Vitesse d'injection	10 (µl/s)
Température d'injection	280 °C (isotherme) pour DB5
	250 °C (isotherme) pour HT8
Détecteur	ECD
Température	300 °C
Débit de gaz azote (make-up)	25-30 ml/min
Colonne capillaire silice fondue	DB5 (J&W)
Phase	5 % phényl - 95 % méthyl-polysiloxane non polaire
Longueur	60 m
Diamètre interne	0,25 mm
Épaisseur du film	0,25 µm
Colonne capillaire silice fondue	HT8 (J&W)
Phase	8 %-phényl-polysiloxane-carborane faiblement polaire
Longueur	50 m
Diamètre interne	0,22 mm
Épaisseur du film	0,25 µm
Programmation du four	
Température initiale du four	100 °C pendant 1 minute
1re vitesse de programmation	7 °C/min
1er palier de température	180 °C
2e vitesse de programmation	3 °C/min
2e palier : température finale, isotherme	280 °C pendant 25 minutes
Gaz vecteur	Hydrogène
Débit	1 ml/min

Les chromatogrammes obtenus pour un mélange d'étalons de PCB et autres composés organochlorés sont donnés ci-dessous (fig. 1, 2) pour les colonnes de type DB5 et HT8.

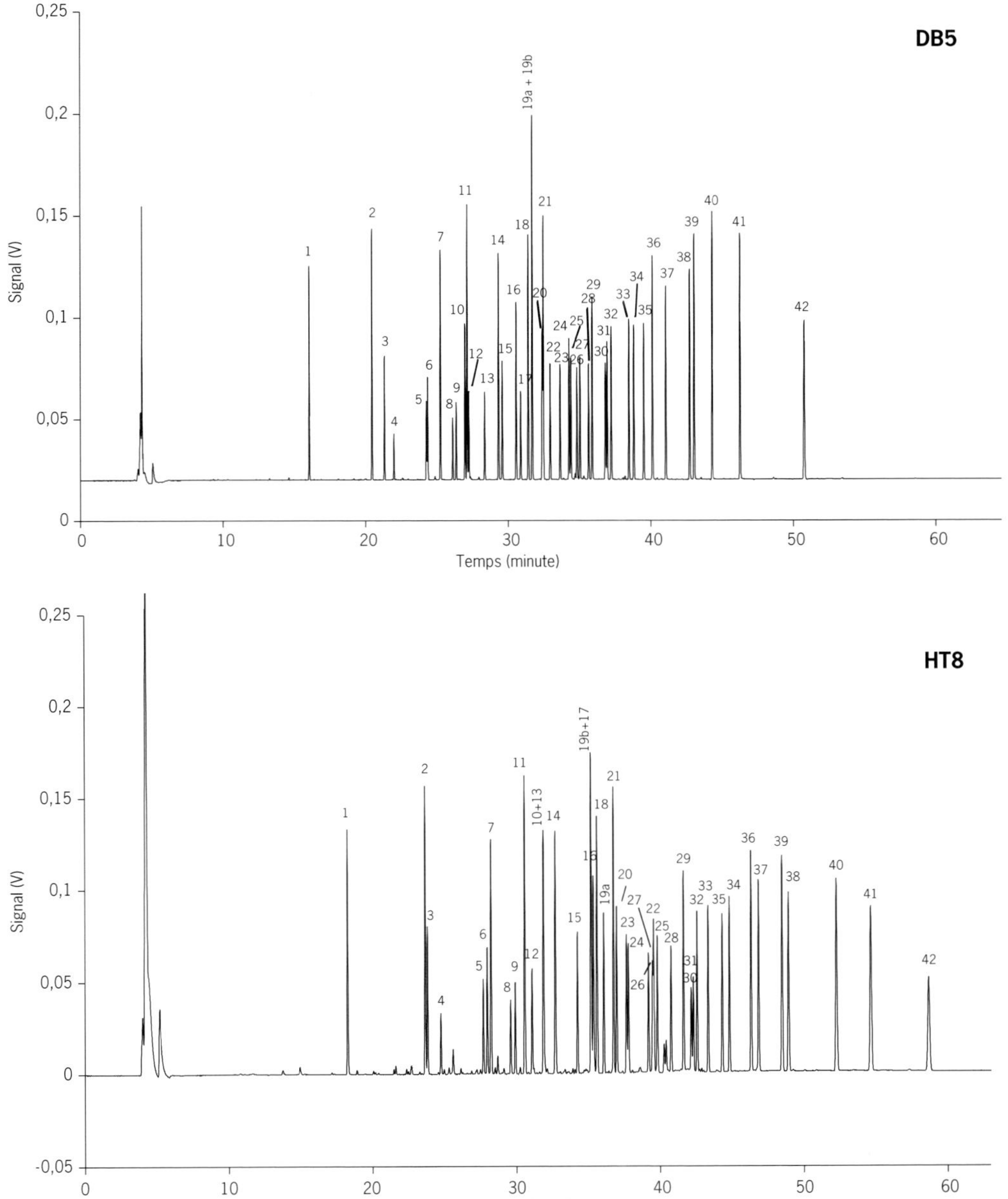

Figure 1
Chromatogrammes d'un mélange de PCB et composés organochlorés obtenus en CPG-ECD. Colonne DB5 (60 m x 0,25 mm, 0,25 µm) et HT8 (50 m x 0,22 mm, 0,25 µm). Quantités injectées voisines de 50 pg par composé.

(1) pentachlorobenzène, (2) HCB (hexachlorobenzène), (3) CB30, (4) CB18, (5) CB31, (6) CB28, (7) heptachlore, (8) CB52, (9) CB49, (10) TCN (tétrachloronaphtalène), (11) aldrine, (12) CB44, (13) CB103, (14) oxychlordane, (15) CB66, (16) CB60, (17) CB101, (18) cis-chlordane, (19a) CB112, (19b) trans-nonachlore, (20) CB87, (21) pp'DDE, (22) CB110, (23) CB151, (24) CB123, (25) CB118, (26) CB143, (27) op'DDT, (28) CB153, (29) CB105, (30) p,p'-DDT *d8*, (31) p,p'-DDT, (32) CB138, (33) CB183, (34) CB 167, (35) CB174, (36) CB156, (37) CB180, (38) CB170, (39) CB198, (40) CB189, (41) CB194, (42) CB209.

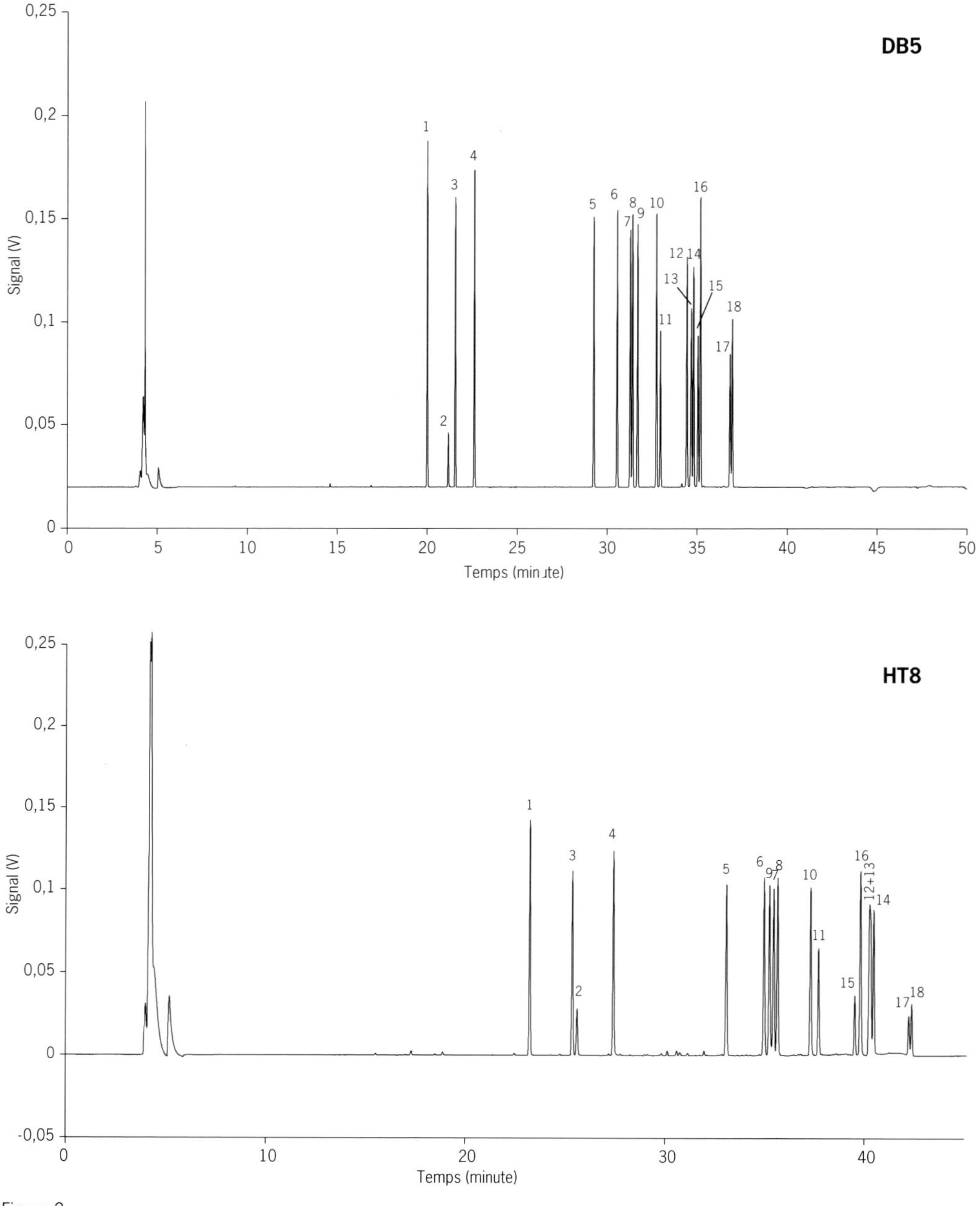

Figure 2
Chromatogrammes d'un mélange de composés organochlorés obtenus en CPG-ECD. Colonne DB5 (60 m x 0,25 mm, 0,25 µm) et HT8 (50 m x 0,22 mm, 0,25 µm). Quantités injectées voisines de 50 pg par composé.

(1) α-HCH (alpha-hexachlorocyclohexane), (2) β-HCH (béta-hexachlorocyclohexane), (3) lindane (γ- hexachlorocyclohexane), (4) δ-HCH (delta- hexachlorocyclohexane), (5) heptachloroépoxyde, (6) trans-chlordane, (7) alpha-endosulfan, (8) cis-chlordane, (9) trans-nonachlore, (10) dieldrine, (11) o,p'-DDD, (12) béta-endosulfan, (13) p,p'-DDD *d8*, (14) p,p'-DDD, (15) o,p'-DDT, (16) cis-nonachlore, (17) p,p'-DDT *d8*, (18) p,p'-DDT.

7.2. Identification des congénères

L'utilisation de deux colonnes chromatographiques de différente polarité est une méthode pour confirmer l'identification et la quantification des contaminants. Dans le cas des PCB et composés organochlorés analysés par CPG-ECD, elle est indispensable car de nombreux congénères montrent des co-élutions (Schantz *et al.*, 1995 ; Larsen, 1995). De plus, la confirmation des valeurs quantifiées sur deux colonnes permet de détecter la présence d'éventuels interférants.

Selon les échantillons analysés, l'une ou l'autre des colonnes sera choisie pour chaque congénère. Il revient à l'analyste de juger du choix de la colonne à retenir pour chaque composé. À titre indicatif, de façon générale pour les sédiments analysés dans le cadre du RNO, on donne ci-dessous (tab. 2) la colonne retenue pour la quantification de quelques contaminants organochlorés.

Tableau 2 - Choix des colonnes pour la quantification des contaminants organochlorés par CPG-ECD.

Contaminant	Colonne	Contaminant	Colonne
CB28	HT8	p,p'-DDE	DB5
CB52	HT8	p,p'-DDD	DB5
CB101	DB5	p,p'-DDT	HT8
CB118	DB5	Alpha-HCH	DB5
CB153	DB5	Lindane	DB5
CB105	HT8		
CB138*	HT8		
CB156	HT8		
CB180	DB5		

* Le CB138 est généralement quantifié sur une colonne de type DB5, malgré une co-élution connue avec les congénères CB163 et CB164, toutefois non majoritaires par rapport au CB138 dans les échantillons de l'environnement marin. La quantification sur colonne de type HT8 permet d'éliminer les problèmes de quantification liés à ces co-élutions.

7.3. Étalonnage et quantification

Des solutions étalons préparées dans l'isooctane sont utilisées. Les droites de calibration sont calculées à partir de 8 à 10 solutions allant de 2 pg à 250 pg injectés. La séquence d'injection est réalisée en alternant 2 étalons et 4 échantillons.

La linéarité du détecteur doit être déterminée sur l'ensemble de la gamme d'étalonnage. Le détecteur ECD n'ayant pas toujours une réponse linéaire sur la totalité de l'étendue de la gamme de concentration, les calculs sont réalisés en utilisant la portion de droite correspondant, pour chaque composé, à la gamme de concentration dans l'échantillon. En effet, au cours du vieillissement du détecteur, l'étendue du domaine de linéarité du détecteur ECD devient plus restreinte.

Quelques exemples de la réponse du détecteur en fonction de la quantité de composé injecté sont donnés sur les figures 3 et 4 pour un détecteur neuf et pour un détecteur ancien. Dans le second cas, il est nécessaire de travailler avec deux ou trois droites différentes pour rester dans le domaine de linéarité.
Les droites d'étalonnage sont de la forme :

$$Y = a X + b$$

où Y = surface du pic du contaminant considéré
et X = quantité injectée du contaminant.

On utilise le plus souvent le modèle de droite de régression linéaire pour l'établissement des courbes de calibration. On choisit le forçage par zéro lorsque l'on utilise une seule droite, et seulement pour les petites gammes d'étalonnage lorsque l'on utilise deux ou trois droites.

Figure 3
Exemples de droites de calibration obtenues en CPG-ECD pour le CB153 et p,p'-DDE avec un détecteur récent linéaire sur toute la gamme de calibration. Quantités injectées entre 2 pg et 250 pg par composé.

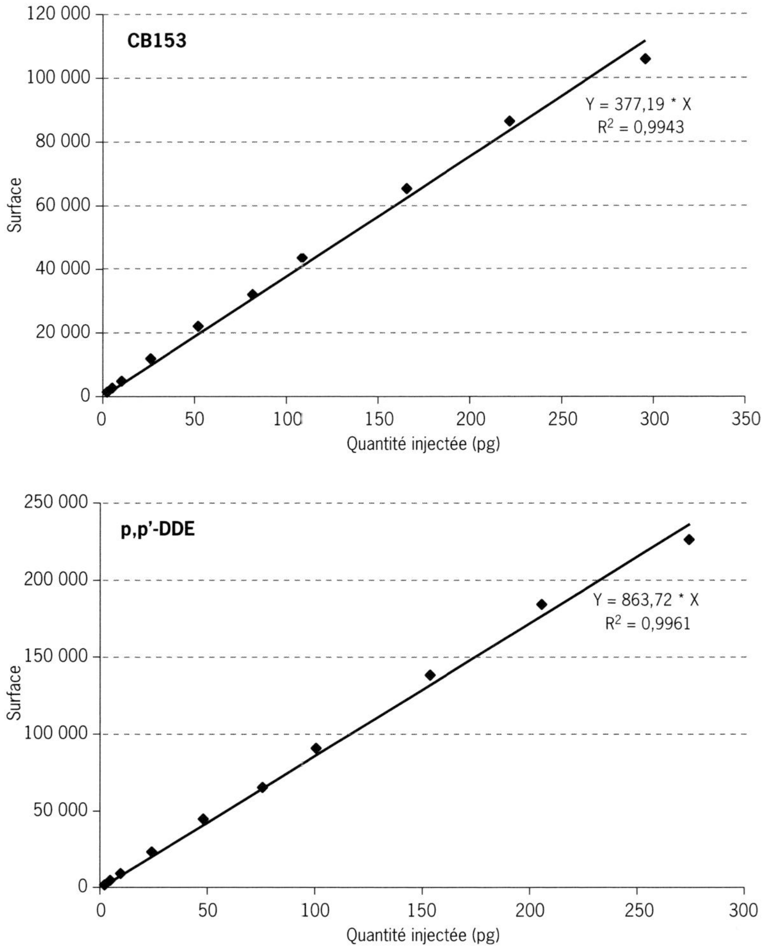

Figure 4
Exemples de droites de calibration obtenues en CPG-ECD pour le CB153 et o,p'-DDT avec un détecteur ancien. Quantités injectées entre 2 pg et 250 pg par composé.

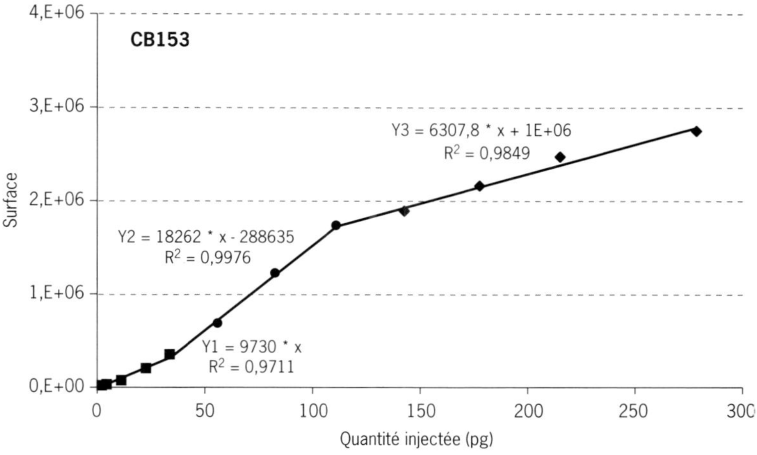

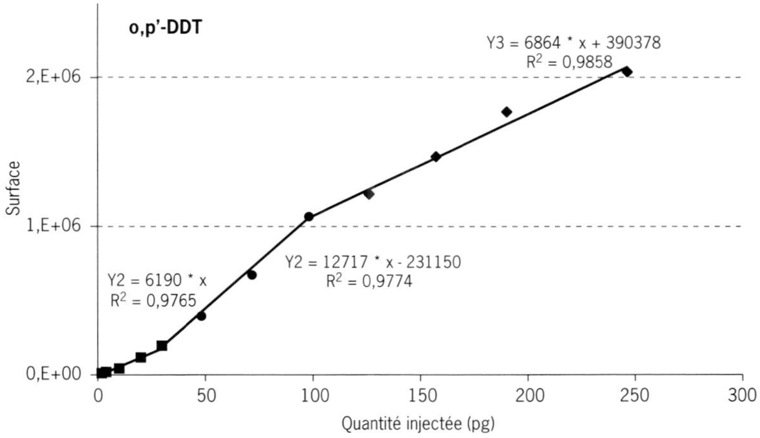

7.4. Calcul des concentrations et expression des résultats

La concentration d'un contaminant donné dans un échantillon est calculée de la façon suivante :

$$\text{Concentration}_A = \frac{(\text{Q inj. x V extr.}) \times 1\,000}{\text{masse éch.}}$$

où Concentration $_A$ est la concentration du contaminant A dans l'échantillon, en µg/kg
Q inj. est la quantité calculée à partir des droites de calibration du contaminant injecté dans 1 µl de l'extrait, en pg/µl
V ext. est le volume de l'extrait à partir duquel l'injection de 1 µl est faite, en µl
masse éch. est la masse sèche ou la masse humide de l'échantillon analysé, en g.

8. Analyse des HAP, dérivés alkylés et hétérocycles soufrés

Les analyses des hydrocarbures aromatiques polycycliques et de leurs homologues alkylés et soufrés sont réalisées par chromatographie en phase gazeuse (CPG) à haute résolution (technique de séparation) couplée à un spectromètre de masse (SM) à basse résolution en mode d'ionisation électronique (IE, - technique de détection). Le système de CPG-SM est interfacé avec une station informatique de pilotage, d'acquisition et de traitement des données. Cette technique est utilisée pour une identification et une détection sensible et quantitative des HAP. L'identification des composés (décrite § 8.2) est réalisée par l'acquisition des spectres de masse complets de composés en mode de courant ionique total (TIC - Total ionic current) ainsi que par vérification du temps de rétention chromatographique des composés étalons purs. La quantification (décrite § 8.3) est réalisée en mode de scrutation d'ions sélectionnés (SIM - Selected ion monitoring) par rapport à la réponse d'un composé perdeutéré ajouté à l'extrait d'un échantillon juste avant l'injection et utilisé en tant qu'étalon interne de quantification. La liste des composés individuels ou groupes de composés alkylés recherchés est présentée dans le tableau 3. Les composés régulièrement déterminés dans nos échantillons de sédiments marins sont les 20 HAP parents non-substitués, incluant les dits « 16 HAP » de la liste EPA (Environmental protection agency), des HAP alkylés substitués : (mono-, di-, tri-, tétra-)méthyl-naphtalènes, (mono-, di-)méthyl-fluorènes, (mono-, di-, tri-)méthyl-phénanthrènes, (mono-, di-)méthyl-pyrènes, (mono-, di-)méthyl-chrysènes, ainsi que les composés hétérocycliques soufrés et leurs homologues alkylés : dibenzothiophène et (mono-, di-, tri-)méthyl dibenzothiophènes, benzonaphtothiophènes et mono-méthyl benzonaphtothiophènes. Cette analyse des HAP relativement développée permet une meilleure discrimination des deux principales sources de la contamination de l'environnement marin par des hydrocarbures aromatiques polycycliques. Ce sont, d'une part, des sources liées aux rejets directs et aux déversements accidentels des combustibles fossiles (ex. des pétroles bruts et des produits de leurs raffinages) et, d'autre part, ce sont des sources liées aux divers processus de combustion des combustibles fossiles et contemporains (incluant les feux de forêts, le transport, les activités industrielles), ainsi que l'incinération des déchets urbains et industriels, toutes ces activités rejetant aussi des quantités importantes d'hydrocarbures aromatiques polycycliques. Cette analyse permet aussi l'identification et la détection des composés prioritaires qui présentent, par exemple, un potentiel cancérigène et mutagène puissant.

Tableau 3 - Liste des HAP, hétérocycles soufrés, et leurs homologues alkylés analysés par CPG-SM, ion et étalon de quantification.

Nom de composé	Abréviation	Ion de quantification	Étalon de quantification
HAP et homologues alkylés			
Naphtalène	Naphtalène	128	Acénaphtène-d_{10}
C1-naphtalènes	C1-N	142	Acénaphtène-d_{10}
C2-naphtalènes	C2-N	156	Acénaphtène-d_{10}
C3-naphtalènes	C3-N	170	Acénaphtène-d_{10}
C4-naphtalènes	C4-N	184	Acénaphtène-d_{10}
Acénaphtylène	Acénaphtylène	152	Acénaphtène-d_{10}
Acénaphtène	Acénaphtène	154	Acénaphtène-d_{10}
Fluorène	Fluorène	166	Fluorène-d_{10}
C1-fluorènes	C1-F	180	Fluorène-d_{10}
C2-fluorènes	C2-F	194	Fluorène-d_{10}
Phénanthrène	Phénanthrène	178	Fluorène-d_{10}
C1-phénanthrènes/anthracènes	C1-P	192	Fluorène-d_{10}
C2-phénanthrènes/anthracènes	C2-P	206	Fluorène-d_{10}
C3-phénanthrènes/anthracènes	C3-P	220	Fluorène-d_{10}
Anthracène	Anthracène	178	Fluorène-d_{10}
Fluoranthène	Fluoranthène	202	Pyrène-d_{10}
Pyrène	Pyrène	202	Pyrène-d_{10}
C1-pyrènes/fluoranthènes	C1-PY	216	Pyrène-d_{10}
C2-pyrènes/fluoranthènes	C2-PY	230	Pyrène-d_{10}
Benz[a]anthracène	B[*a*]anthr	228	Benz[*a*]anthracène-d_{12}
Triphénylène	Triphen	228	Benz[*a*]anthracène-d_{12}
Chrysène	CHR	228	Benz[*a*]anthracène-d_{12}
C1-chrysènes	C1-CHR	242	Benz[*a*]anthracène-d_{12}
C2-chrysènes	C2-CHR	256	Benz[*a*]anthracène-d_{12}
Benzo[*b*]fluoranthène		252	Benz[*a*]anthracène-d_{12}
Benzo[*k*]fluoranthène	BFLs	252	Benz[*a*]anthracène-d_{12}
Benzo[*j*]fluoranthène		252	Benz[*a*]anthracène-d_{12}
C1- Benzofluoranthènes	C1-BFLs		Benz[*a*]anthracène-d_{12}
Benzo[*e*]pyrène	B[e]py	252	Benz[*a*]anthracène-d_{12}
Benzo[*a*]pyrène	B[a]py	252	Benz[*a*]anthracène-d_{12}
Pérylène	Pérylène	252	Benz[*a*]anthracène-d_{12}
Indeno[1,2,3-*cd*]pyrène	Indeno-Pyr	276	Benz[*a*]anthracène-d_{12}
Dibenz[*a,h*]anthracène	DBA	278	Benz[*a*]anthracène-d_{12}
Benzo[*ghi*]pérylène	B[*ghi*]pérylène	276	Benz[*a*]anthracène-d_{12}
Hétérocycles soufrés et homologues alkylés			
Dibenzothiophène	DBT	184	Fluorène-d_{10}
C1-dibenzothiophènes	C1-DBT	198	Fluorène-d_{10}
C2-dibenzothiophènes	C2-DBT	212	Fluorène-d_{10}
C3-dibenzothiophènes	C3-DBT	226	Fluorène-d_{10}
Benzo[*b*]naphtho[*2,1-d*]thiophène		234	Pyrène-d_{10}
Benzo[*b*]naphtho[*1,2-d*]thiophène	BNTs	234	Pyrène-d_{10}
Benzo[*b*]naphtho[*2,3-d*]thiophène		234	Pyrène-d_{10}
C1-benzonaphthothiophènes	C1-BNTs	248	Pyrène-d_{10}

8.1. Conditions opératoires utilisées en CPG-SM

A priori, il n'y pas de conditions opératoires préétablies qui soient idéales pour réaliser l'analyse des HAP par CPG-SM. Ces conditions sont souvent définies en fonction de l'expérience propre d'un laboratoire ainsi que de l'appareillage analytique utilisé. L'ensemble des conditions opératoires en CPG-SM utilisées en routine dans notre laboratoire est présenté dans le tableau 4. Le réajustement de ces conditions opératoires en fonction des performances d'analyse est relativement fréquent et fait partie des bonnes pratiques de laboratoire. Toutefois, pour plus d'information concernant les principes théoriques de base ainsi que l'application de la spectrométrie de masse couplée à la chromatographie en phase gazeuse à l'analyse des composés organiques, le lecteur peut se tourner vers quelques ouvrages de référence (Karasek & Clement, 1988 ; Smith, 1999). Il est également important d'apprendre les principes du réglage précis de chaque système de spectrométrie de masse ainsi que de sa maintenance. Ces éléments sont présentés seulement sommairement dans ce fascicule sans entrer dans les détails théoriques et techniques.

Tableau 4 - Conditions opératoires utilisées pour l'analyse des HAP par CPG-SM.

CPG-SM	Paramètres opératoires
Chromatographe Agilent 6890	**Passeur d'échantillons Combi-Pal CTC**
Injecteur 1	Type « On-column »
Volume injecté	1 µl
Vitesse d'injection	10 µl s^{-1}
Température d'injection	50 °C (suit la température du four)
Colonne capillaire silice fondue	DB-5 MS
Phase	5 % phényl -95 % méthyl-polysiloxane
Longueur	60 m
Diamètre interne	0,25 mm
Épaisseur du film	0,25 µm
Pré-colonne de rétention	oui (en silice fondue 1 m, 0,53 mm diamètre interne)
Gaz vecteur	Hélium
Vitesse linéaire	24 cm s^{-1}
Débit (avec le contrôle électronique du débit)	0,8 ml min^{-1}
Contrôle électronique de pression	oui
Programmation du four	
Température initiale du four	50 °C pendant 1 minute
1re vitesse de programmation	15 °C min^{-1}
1er palier de température	100 °C
2e vitesse de programmation	4 °C min^{-1}
2e palier : température finale, isotherme	300 °C pendant 20 minutes
Spectromètre de masse Agilent 5973N	Quadrupôle
Ionisation électronique	70 eV
Gamme complète de masses	40 à 400 AMU
Température d'interface	280 °C
Température de la source	230 °C
Température du détecteur	100 °C

Les paramètres concernant le spectromètre de masse sont présentés dans le tableau 4. Le réglage et le calibrage précis et systématiques d'un spectromètre de masse (ajustement de la sensibilité, de la résolution et calibrage de la masse) sont nécessaires pour mener des analyses quantitatives des composés organiques. Dans notre pratique, ce réglage est automatisé en utilisant l'étalon interne de perfluorotri-*n*-butylamine (PFTBA), l'unité informatique de contrôle du spectromètre de masse et le logiciel « Autotune ». Le réglage est mené sur des ions *m/z* 69, 219 et 502 de manière itérative par le logiciel, en ajustant les paramètres du spectromètre de masse jusqu'à la convergence des paramètres de spectre de masse de PFTBA avec la référence et avec les exigences spectrales recherchées (ex. l'abondance relative des ions et les ratios isotopiques). Le réglage et l'ajustement manuels du spectromètre de masse sont parfois nécessaires après « l'Autotune », mais ceux-ci exigent une bonne expérience et des connaissances techniques (Smith, 1999). Dans la pratique, le réglage du spectromètre de masse est mené au moins pour chaque séquence d'échantillons analysés, c'est-à-dire environ toutes les 100 injections (échantillons et étalons) et, au moins une fois par semaine. Pour les analyses des HAP, l'énergie d'ionisation électronique utilisée est de 70 eV, elle correspond à l'énergie communément utilisée pour l'acquisition des spectres de masse de référence stockés dans les bibliothèques de spectres.

Les conditions de la chromatographie en phase gazeuse du système CPG-SM pour les analyses des HAP sont détaillées dans le tableau 4. L'injection est effectuée en utilisant un passeur automatique (CTC Combi Pal). Deux techniques d'injection sont utilisées : pour la majorité des échantillons, une injection de 1 µl *via* une pré-colonne est effectuée à l'aide de l'injecteur de type « on-column » ; l'injecteur LVI (dit de grand volume « Large volume injector ») est utilisé seulement pour des échantillons très faiblement contaminés. L'injecteur LVI permet une injection d'un volume important de l'échantillon en CPG capillaire, en augmentant ainsi la sensibilité de la méthode. Cependant, les conditions opératoires de l'injection LVI doivent être établies expérimentalement et strictement pour le type d'injecteur utilisé et pour les composés analysés. Dans notre méthode, les paramètres d'injection LVI de l'injecteur Optic 2 (Atas GL) sont présentés dans le tableau 4. L'optimisation concerne principalement les conditions d'injection (volume, vitesse, températures) et de transfert (temps et pressions). Enfin, la séparation des HAP est effectuée sur une colonne capillaire apolaire (5 % phényl -95 % méthyl-polysiloxane, DB-5MS) d'une longueur de 60 mètres. L'exemple d'un chromatogramme obtenu dans les conditions d'analyse du mélange d'étalons des 43 composés est présenté dans la figure 5.

Par ailleurs, les conditions chromatographiques doivent être régulièrement contrôlées (ex. bonne séparation de certains composés, forme et symétrie de pics, contrôle de facteurs de réponses...). Dans le cas de longues séries d'analyses, l'insert de l'injecteur est systématiquement changé et la pré-colonne coupée après l'analyse d'environ 50 échantillons.

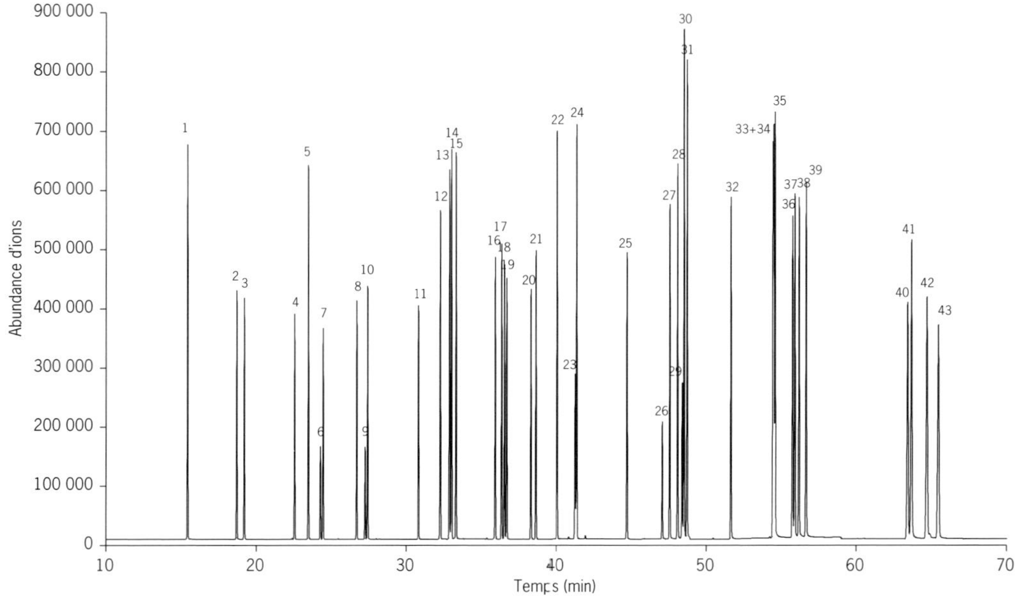

Figure 5
Chromatogramme d'un mélange de HAP, homologues alkylés et composés perdeutérés obtenu en CPG-SM-SIM. Colonne DB5 MS (60 m x 0,25 mm, 0,25 µm). Quantités injectées voisines de 100 pg par composé.

(1) Naphtalène, (2) 2-méthyl naphtalène, (3) 1-méthyl naphtalène, (4) 1,6-diméthyl naphtalène, (5) acénaphtylène, (6) **acénaphtène-d_{10} EQ (Étalon Quantification),** (7) acénaphtène, (8) 2,3,5-triméthyl naphtalène, (9) **fluorène-d_{10} EQ,** (10) fluorène, (11) 1-méthyl fluorène, (12) dibenzothiophène, (13) **phénanthrène-d_{10} ER (Étalon Rendement),** (14) phénanthrène, (15) anthracène, (16) 3-méthyl phénanthrène, (17) 2-méthyl anthracène, (18) 9-méthyl phénanthrène, (19) 1-méthyl phénanthrène, (20) 2,8-diméthyl dibenzothiophène, (21) 3,6-diméthyl dibenzothiophène, (22) fluoranthène, (23) **pyrène-d_{10} EQ,** (24) pyrène, (25) 1-méthyl pyrène, (26) benzo[*b*] naphto[*2,1-d*] thiophène, (27) benzo[*b*] naphto[*1,2-d*] thiophène, (28) benzo[*b*] naphto[*2,3-d*] thiophène, (29) benz[a]anthracène-d12 EQ, (30) benz[a]anthracène, (31) chrysène, (32) 1-méthyl chrysène, (33) benzo[*b*]fluoranthène, (34) benzo[*j*]fluoranthène, (35) benzo[*k*]fluoranthène, (36) **benzo[*e*]pyrène-d12 ER,** (37) benzo[*e*]pyrène, (38) benzo[*a*]pyrène, (39) pérylène, (40) indeno[*1,2,3-cd*]pyrène, (41) dibenz[*a,h*]anthracène, (42) picène, (43) benzo[*ghi*]pérylène.

8.2. Identification des composés et enregistrement des spectres complets (TIC)

L'identification des HAP non-substitués est réalisée par l'acquisition du courant ionique total (TIC - Total ion current) et des spectres de masse complets, ainsi que par comparaison avec les temps de rétention chromatographiques déterminés pour les étalons des composés purs. L'exemple des spectres de masse du fluoranthène et du pyrène est présenté dans la figure 6. Il montre que ces deux composés exhibent des spectres de masse quasi identiques, mais leur séparation chromatographique étant très bonne, leur identification est sans ambiguïté (pics 22 et 24 dans la figure 5).

Ce n'est pas toujours le cas, comme le montre le chromatogramme de la figure 7. Dans ces conditions d'analyse par exemple, le benzo[*b*]fluoranthène et le benzo[*j*]fluoranthène (pics 33 et 34) ne sont que partiellement séparés (le pic est double). Par ailleurs, les étalons de composés chimiques purs sont utilisés seulement pour des HAP parents et pour

Figure 6
Spectres de masse
du fluoranthène
et du pyrène.

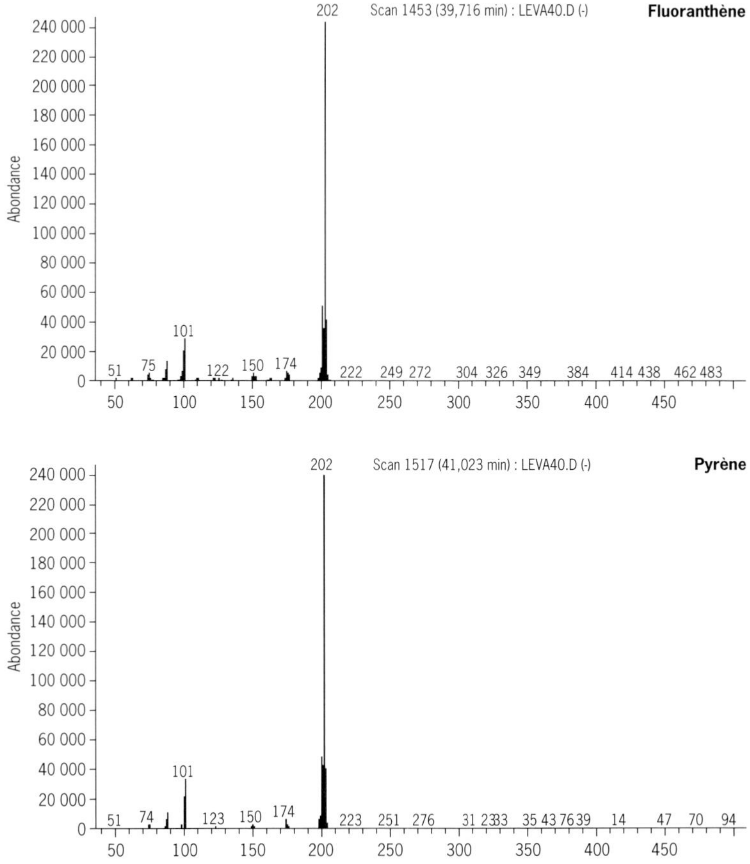

Figure 7
Zoom sur
le chromatogramme
de la solution d'étalons :
le benzo[*b*]fluoranthène
et le benzo[*j*]fluoranthène
(pics 33 et 34) ne sont
que partiellement séparés ;
le pic est double.

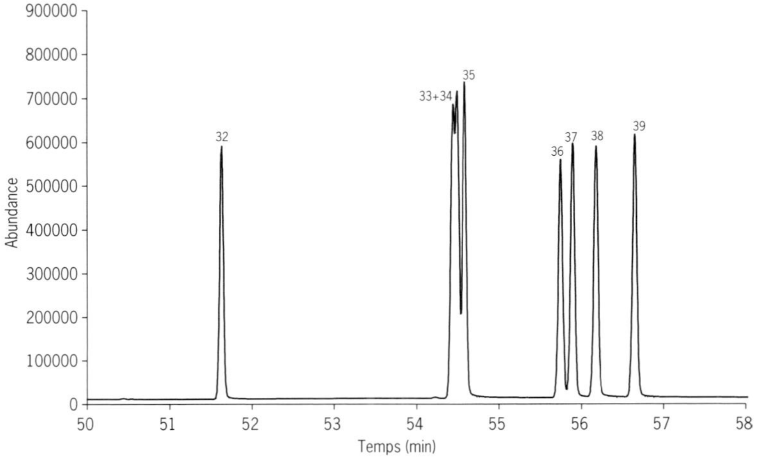

certains homologues substitués alkylés. L'identification de plusieurs des composés alkylés est effectuée uniquement par la détermination de leurs poids moléculaires en CPG-SM. Les étalons pour ces composés ne sont pas toujours disponibles ou leur coût est très élevé. Ces considérations doivent être prises en compte lors de la quantification des HAP et lors de l'intercomparaison des résultats. Dans la pratique, le TIC est enregistré seulement lors de l'établissement ou de la modification de la méthode, pour confirmer un résultat ou pour identifier un nouveau composé recherché. L'identification et la quantification sont assurées par la scrutation d'ions sélectionnés en mode d'acquisition SIM (dans le cas des HAP, ce sont les ions moléculaires, listés dans le tableau 3), et par l'analyse en routine, dans la même séquence, des échantillons et du mélange d'étalons.

8.3. Étalonnage et quantification en CPG-SM en mode SIM

L'étalonnage et la quantification des HAP en CPG-SM sont effectués en mode SIM. Cette technique consiste en l'enregistrement du courant ionique des ions sélectionnés, c'est-à-dire des ions les plus intenses et/ou les plus caractéristiques d'un fragment et/ou de l'ion moléculaire d'un composé déterminé. Ce mode permet d'obtenir une sensibilité élevée du fait de l'augmentation du nombre de balayages de chaque ion sélectionné et en raison de l'importante diminution du bruit de fond. Les paramètres opératoires essentiels de l'acquisition en mode SIM sont rassemblés dans le tableau 5. La détection des ions se fait par groupe d'ions dans une fenêtre de temps de rétention des composés recherchés. En général, le nombre d'ions ne devrait pas dépasser 20 ions. Le temps de balayage (dwell time) de chaque ion est un paramètre critique. Il doit être le même pour chaque ion dans le groupe (pour conserver les ratios des ions) ; de plus, pour l'analyse en CPG-SM (en colonne capillaire), il ne devrait pas être inférieur à 20 ms et la somme des temps de balayage dans chaque groupe ne devrait pas dépasser 500 ms. Ces conditions sont largement respectées dans notre protocole grâce au découpage en 13 groupes d'ions.
La réponse du détecteur de spectromètre de masse peut varier dans le temps. La méthode d'étalonnage interne en continu permet une meilleure reproductibilité de la détermination. L'étalonnage interne est mené par ajout d'une même quantité connue de quatre composés perdeutérés (acénaphthène-d_{10}, fluorène-d_{10}, pyrène-d_{10}, benz[*a*]anthracène-d_{12}) dans toute la gamme des solutions étalons. Cet ajout est aussi fait pour chaque échantillon analysé. L'étalonnage continu consiste en une séquence d'injection alternant étalons et échantillons (2 niveaux d'étalons entre chaque séquence de 4 échantillons). Ainsi, la linéarité de la réponse est déterminée pour chaque séquence d'analyse et sur l'ensemble de la gamme d'étalonnage (entre 0,01 ng/µl à 12 ng/µl). La

linéarité de la calibration est vérifiée en continu en utilisant 10 points dans la courbe d'étalonnage établie entre le ratio des réponses (A_x/A_i où A_x est la réponse obtenue pour le composé quantifié et A_i la réponse obtenue pour l'étalon interne de référence) et le ratio des concentrations (C_x/C_i où C_x est la concentration du composé quantifié et C_i la concentration de l'étalon interne de référence). Un exemple de courbes d'étalonnage pour le fluoranthène est présenté sur la figure 8.

Tableau 5 - Paramètres opératoires sélectionnés pour l'acquisition SIM ; sont présentés les 13 groupes d'ions et les fenêtres de temps de rétention pour chaque groupe ; les temps de balayage (dwell time) sont donnés pour chaque ion individuel.

Groupe N°	Temps de rétention (min)	Temps de balayage (ms)	Ions dans le groupe (AMU)					
1	8,00	100	128	136	142			
2	21,00	100	152	156	160			
3	23,70	100	154	164	168	170		
4	26,80	80	166	176	180	182	184	
5	31,60	80	178	184	188	194	196	198
6	35,30	100	192	198				
7	36,60	100	206	212				
8	39,40	80	202	206	212	216	220	226
9	44,65	100	216	220				
10	45,30	100	226	228	230	234	240	
11	48,58	90	242	248				
12	52,00	100	252	256	264	266		
13	59,00	100	266	276	278	288		

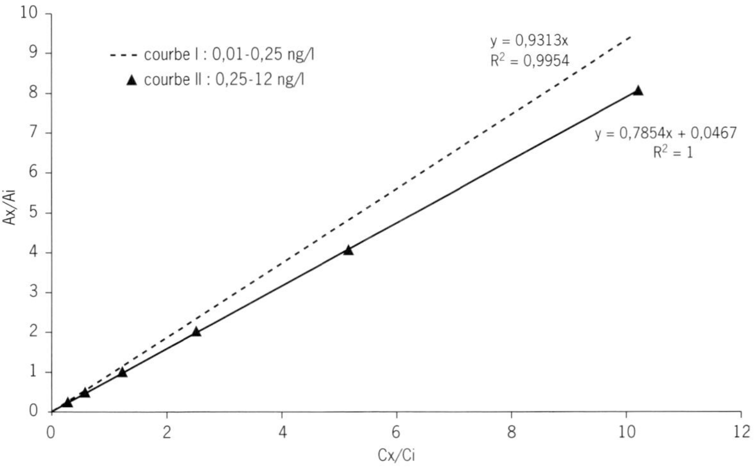

Figure 8
Droites d'étalonnage du fluoranthène en CPG-SM (SIM) entre 0,01 et 0,25 ng/µl et entre 0,25 et 12 ng/µl.

La quantité injectée d'un composé à quantifier doit se trouver dans la fourchette de l'étalonnage. La gamme des concentrations des solutions étalons est par conséquent très étendue. Le cas échéant, l'échantillon doit être dilué ou, au contraire, plus concentré pour entrer dans la gamme. Par ailleurs, pour assurer la quantification dans le domaine de linéarité de l'étalonnage, deux courbes sont utilisées : une courbe pour les faibles concentrations (entre 0,01 et 0,25 ng/µl) et une autre pour les concentrations plus élevées (entre 0,25 et 12 ng/µl). Le modèle de régression linéaire est utilisé pour l'établissement des courbes d'étalonnage et le forçage par zéro est appliqué seulement pour les faibles concentrations. Dans ce cas, le facteur de réponse est défini par l'équation suivante :

$$RF = \frac{(A_x)(C_i)}{(A_i)(C_x)}$$

où :
A_x = réponse (surface) de l'ion du composé cible (dans la solution d'étalon)
A_i = réponse (surface) de l'ion du composé perdeutéré étalon (dans la solution d'étalon)
C_x = concentration du composé cible (dans la solution d'étalon)
C_i = concentration du composé perdeutéré étalon (dans la solution d'étalon).

La vérification de la variation du facteur de réponse permet l'identification de l'évolution de l'appareillage et le maintien de la qualité de l'étalonnage. L'exemple de la variation du facteur de réponse du pyrène est présenté dans la figure 9.
La quantification des composés recherchés dans les échantillons est relative aux courbes d'étalonnage ainsi établies.

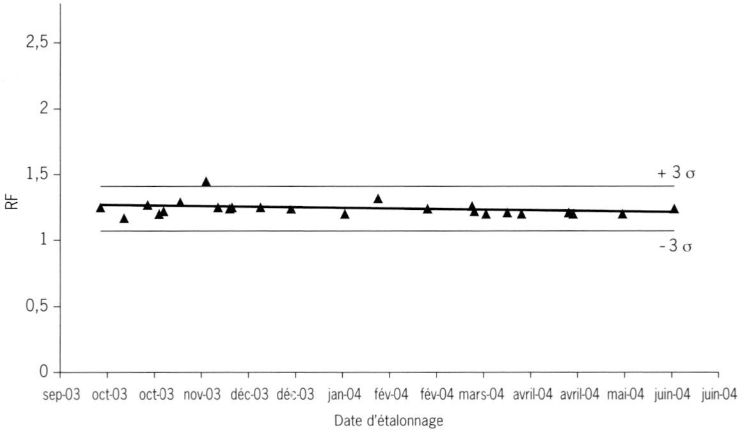

Figure 9
Variation du facteur de réponse RF (voir définition dans le texte) du pyrène en CPG-SM (SIM) ; chaque point représente l'étalonnage complet (une dizaine de niveaux) et le total représente 250 analyses.

8.4. Calcul des concentrations et expression des résultats

La teneur d'un composé cible dans l'échantillon est calculée à partir de la formule suivante :

$$\text{Concentration } (\mu g/kg) = \frac{(C_e \times V_e)}{P_e}$$

où :

C_e = concentration du composé cible dans l'extrait, calculée à partir de la droite d'étalonnage (en µg/ml)
V_e = volume final de l'extrait (en ml)
P_e = masse de l'échantillon de départ (prise d'essai en kg de poids sec ou, le cas échéant, de poids humide).

Le cas échéant, la concentration ainsi obtenue peut être corrigée en soustrayant le blanc de la méthode (pour la majorité des HAP, le blanc n'est pas détectable). La quantification est sans ambiguïté pour les HAP individuels identifiés par des étalons et bien séparés dans les conditions chromatographiques utilisées. Pour d'autres composés, trois cas se présentent : i) des composés séparés seulement dans de très bonnes conditions chromatographiques (cas du chrysène et du triphénylène, leur séparation peut diminuer au cours d'une séquence d'analyses), ii) des composés non séparés dans les conditions chromatographiques et de spectrométrie de masse utilisées (ex. benzo[*b*]fluoranthène et benzo[*j*]fluoranthène), iii) des composés non séparés et dont l'identification est effectuée principalement par la détermination de leurs poids moléculaires (cas de nombreux homologues alkylés). Dans la pratique, pour les composés insuffisamment séparés et pour lesquels on dispose d'étalons purs, la quantification est effectuée en faisant la somme des réponses des ions de ces composés. Il est donc important de communiquer les résultats en tant que, par exemple, la somme des chrysène + triphénylène, benzo[*b*]fluoranthène + benzo[*j*]fluoranthène, etc. Malheureusement, ces considérations sont rarement prises en compte dans les bases de données de la surveillance. Par exemple, les dits « 16 HAP de EPA » correspondent fréquemment à la somme d'au moins 18 composés.
De plus, les résultats de la quantification des homologues alkylés sont généralement communiqués en tant que sommes de ces composés (ex. C1-naphtalènes indique la somme de mono méthyl-naphtalènes). Cette quantification dépend non seulement du choix de l'étalon de quantification, mais aussi de la méthode d'intégration des pics chromatographiques. Un exemple d'analyse des homologues alkylés du phénanthrène et de l'anthracène dans un échantillon de sédiments de la vasière nord de l'estuaire de la Seine est présenté dans la figure 10.

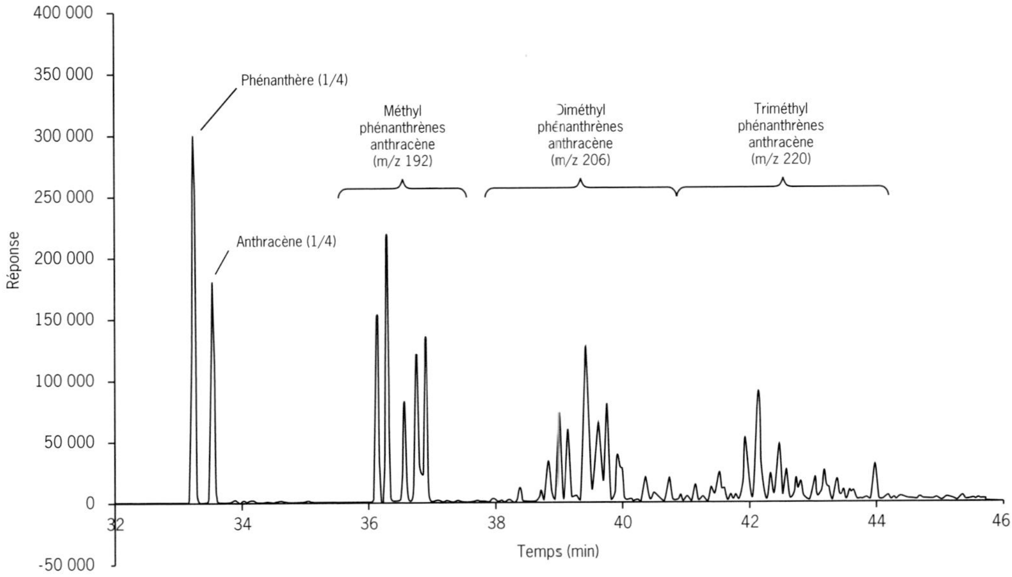

Figure 10
Chromatogramme correspondant à l'analyse d'un échantillon de sédiments marins pour le phénanthrène et l'anthracène (m/z 178) et de leurs homologues alkylés (m/z 192, 206 et 220) obtenu en CPG-SM-SIM avec une colonne DB5 MS (60 m x 0,25 mm, 0,25 µm). La réponse pour le phénanthrène et l'anthracène est divisée par 4.

Dans le chromatogramme ci-dessus, les pics utilisés pour la quantification sont marqués par une étoile. Il est donc important de souligner que l'intercomparaison des résultats d'analyse des homologues alkylés des HAP entre différents laboratoires nécessite une concertation préalable quant aux détails de la méthode de quantification.

9. Contrôles de qualité

9.1. Analyse de matériaux certifiés

L'analyse de matériaux certifiés permet de vérifier la justesse des résultats obtenus et également de suivre leur stabilité au cours du temps. Ces matériaux représentent un coût élevé. Notons que la stabilité des résultats au cours du temps peut être également évaluée sur un échantillon « maison » préparé au laboratoire. Il faut alors s'assurer de son homogénéité et que les conditions de stockage ne modifient pas sa composition au cours du temps. Toutefois, l'analyse d'un tel échantillon ne permet pas d'évaluer la justesse des résultats.
Plusieurs matériaux certifiés sont disponibles sur le marché (de Boer & McGovern, 2001). Le choix sera dicté par les contaminants certifiés, leurs niveaux et les matrices. Les matériaux que nous utilisons au laboratoire sont le NIST 2977 (moules lyophilisées, contaminants chlorés et HAP), NIST 1588a (huile de foie de morue, contaminants chlorés), NIST 1944 (sédiment sec, contaminants chlorés et HAP), NIST 1491 (solution standard certifiée, HAP), NIST 1492 (solution standard certifiée, PCB), NIST 1493 (solution standard certifiée, pesticides organochlorés). On peut analyser ces matériaux au cours de chaque série d'échantillons, à une fréquence qui permet de s'assurer de la qualité des résultats. Ces matériaux certifiés peuvent également servir lors de la formation de personnel nouveau.

9.2. Exercices d'intercomparaison

En plus de l'analyse de matériaux certifiés au laboratoire, il est essentiel de participer à des exercices d'intercomparaison organisés au niveau international ou national lorsqu'ils existent. Ces exercices doivent couvrir les contaminants, les matrices, et les gammes de concentration comparables à ceux des échantillons analysés par le laboratoire. À l'instar des analyses de matériaux certifiés, les exercices d'intercomparaison sont réalisés sur des échantillons dont les concentrations sont inconnues, et fournissent une évaluation individuelle et objective des résultats.
Notre laboratoire participe depuis plusieurs années aux exercices Quasimeme (Quality assurance of information in marine environmental monitoring in Europe) organisés par le Marine Laboratory d'Aberdeen en Écosse. Ce programme d'assurance qualité est adapté tout particulièrement aux analyses de traces en milieu marin, couvrant une large gamme de contaminants et de matrices. Des informations sur ce programme peuvent être obtenues sur le site *http://www.quasimeme.marlab.ac.uk/*. L'agence internationale de l'énergie atomique (AIEA) organise également chaque année des exercices d'intercomparaison (*http://www.iaea.org/monaco*).

Références bibliographiques

Appleby P.G., Oldfield F., 1992. Application of lead-210 to sedimentation studies. *In:* Uranium-series Disequilibrium: Applications to Earth, Marine, and Environmental Sciences. Ivanovich R.S. (ed.), Calrendon Press, Oxford, 731-778.

Chiffoleau J.F., Auger D., Boutier B., Rozuel E., Truquet I., 2003. Dosage de certains métaux dans les sédiments et la matière en suspension par absorption atomique. Éd. Ifremer, Méthodes d'analyse en milieu marin, 45 p.

de Boer J., McGovern E., 2001. Certified reference materials for organic contaminants for use in monitoring of the aquatic environment. Trends Anal. Chem., 20(3), 140-159.

Di Toro D., 2001. Sediment flux modelling. New York, Wiley interscience, 624 p.

Karasek F.W., Clement R.E., 1988. Basic gas-chromatography - Mass spectrometry, principles and techniques. Elsevier Science Publishers B.V., 201 p.

Larsen B.R., 1995. HRGC separation of PCB congeners. Critical review. J. High Resolut. Chromatogr., 18, 141-151.

OSPAR, 1999. Lignes directrices JAMP de la surveillance continue des contaminants dans le milieu vivant. Commission OSPAR, Lignes directrices de la surveillance n° 1999-2. Londres, UK, 54 p.

Schantz M.M., Koster B.J., Oakley L.M., Schiller S.B., Wise S.A., 1995. Certification of polychlorinated biphenyl congeners and chlorinated pesticides in a whale blubber standard reference material. Anal. Chem., 67(5) 901-910.

Sharma P., Gradener L.R., Moore W.S., Bollinger M.S., 1987. Sedimentation and bioturbation in a salt marsh as revealed by ^{210}Pb, ^{137}Cs, and ^{7}Be studies. Limnol. Oceanogr., 32, 313-326.

Smith R.M., 1999. Understanding Mass-Spectra. A basic approach. Busch K.L. (ed), Wiley & Sons Inc., 290 p.

Taylor, J.K., 1987. Quality Assurance of Chemical Measurements. Lewis Publishers, New York, USA.

Tronczyński J., Munschy C., Moisan K., Guiot N., Truquet I., Olivier N., Men S., Furaut A., 2004. Contamination of the Bay of Biscay by polycyclic aromatic hydrocarbons (PAHs) following the T/V « *Érika* » oil spill. Aquat. Living Resour., 17, 243-259.

Liste des abréviations

AIEA : Agence internationale de l'énergie atomique

AMU : Atomic Mass Unit (unité de masse atomique)

ASE : Accelerated Solvent Extraction (Extraction accélérée par solvant)

CPG : Chromatographie en phase gazeuse

CRM : Certified Reference Material (matériau de référence certifié)

DCM : Dichlorométhane

DDT : Dichloro-Diphényl-Trichloroéthane

ECD : Electron Capture Detector (Détecteur à capture d'électrons)

HAP : Hydrocarbures aromatiques polycycliques

NIST : National Institute of Standards and Technology

OCP : Organochlorine Pesticides (pesticides organochlorés)

OSPAR : Convention pour la protection du milieu marin de l'Atlantique du Nord-Est

PCB : Polychlorobiphényles

RNO : Réseau national d'observation

SIM : Selected Ion Monitoring (scrutation d'ion sélectionné)

SM : Spectrométrie de masse

TIC : Total Ion Current (courant ionique total)

Réalisation, mise en page : XLC (02 98 30 50 07)

Achevé d'imprimer sur les presses de Cloître Imprimeurs

ISSN 1637-1844
ISBN 2-84433-145-9 / Dépôt légal 2e trimestre 2005

Crédits photos : Nadège Guiot.